许我一颗兰慧心

中国内地白领女性
心灵成长史

韦尧 ◎ 著

当代世界出版社

图书在版编目（CIP）数据

许我一颗兰慧心：中国内地白领女性心灵成长史 / 韦尧著. —北京：当代世界出版社，2012.3
ISBN 978-7-5090-0812-6

Ⅰ.①许… Ⅱ.①韦… Ⅲ.①女性—情感—通俗读物 Ⅳ.①B842.6-49

中国版本图书馆CIP数据核字（2012）第028940号

书　　名：	许我一颗兰慧心：中国内地白领女性心灵成长史
出版发行：	当代世界出版社
地　　址：	北京市复兴路4号（100860）
网　　址：	http://www.worldpress.com.cn
编务电话：	（010）83908456
发行电话：	（010）83908410（传真）
	（010）83908408
	（010）83908409
经　　销：	全国新华书店
印　　刷：	北京紫瑞利印刷有限公司
开　　本：	880毫米×1230毫米　1/32
印　　张：	7.25
字　　数：	160千字
版　　次：	2012年3月第1版
印　　次：	2012年3月第1次印刷
书　　号：	ISBN 978-7-5090-0812-6
定　　价：	26.00元

如发现印装质量问题，请与承印厂联系调换。
版权所有，翻印必究；未经许可，不得转载！

中国内地白领女性心灵成长史

从1979年11月,中国外企人力资源服务公司成立、中国开始出现白领这样一个群体,到今天,在城市中,所有从事脑力劳动、职业体面、收入稳定的人皆以白领为阶层身份。这个群体日渐庞大,内涵日渐丰富,外沿日渐扩大。他们的变迁与走向直接与城市生活相关,与社会未来相关。而其中,被称为白领丽人的白领女性更是充满了变化,以迥异于母辈、祖母辈的生活呈现出时代的特征。

她们是谁?她们从哪里来?要向哪里去?她们经历过什么?她们渴望什么?她们抛弃什么?

她们的职业上升空间大吗?她们的收入增长快吗?她们的爱情甜蜜吗?她们的婚姻稳定吗?她们成就感大吗?她们幸福吗?她们的命运可以自己把握吗?

从她们考上大学、接受高等教育写起,到她们开始恋爱、初入职场、升职、结婚、育儿、遭遇背叛、离异、再婚,一直写到她们自我的审视、尊严的建立、主体感的获得。有按时间的发展而建立的宏大叙事逻辑，有白领女性生活中各个层面问题的专题研究，也有开放的讨论。

如果您已经是白领女性，请从这本书开始，找寻您和您的同类的足迹，回眸成长的路径，重温幸福的往昔。

如果您将会是白领女性，请从这本书开始，学习前辈的经验，规避前辈的失败，找到最优的成长路线。

让我们上路吧！

目 录

中国内地白领女性心灵成长史

2　　前言
4　　世界，我来了
7　　初恋时的爱情
18　　社会新鲜人
21　　婚姻之门
28　　初为人母
34　　工作着是美丽的
38　　全职太太：一份需要特别才能的职业
43　　管理丈夫是妻子永恒的职业
46　　背叛是婚姻的影子
57　　婆媳是"天敌"？
61　　手足骨肉情
64　　女人间的友谊
69　　单亲妈妈，拒绝悲情
74　　再婚：世界上最复杂的人际关系
76　　白领的黄昏
79　　世界因我而美丽

倾城色　兰慧心

- 82　倾城色　兰慧心
- 83　爱情的归爱情，日子的归日子
- 86　婚姻的高峰轮回
- 90　人生大理财
- 94　网络的恩惠
- 100　温情毒药
- 103　优越感与自卑感
- 105　四十岁，一定要快乐
- 106　故乡的音乐
- 108　可怕的三十岁
- 110　看莫伯桑讲述经济起飞时个人的命运变迁
- 113　尊重与富裕
- 115　母亲啊，出手吧
- 117　女人啊，你学习了吗？
- 119　沉默，还有学坏
- 122　陈年难过
- 124　启　蒙

127	侍候肉身
130	现在的小孩儿
132	至大的担心与无事生非
134	人生的义务
136	给孩子一个好的童年　给未来一个好的开始
139	不以丈夫为事业
141	世界很糟糕，我们且沉默
144	尊重是最好的修养
146	北京生活
149	娘亲，爹才亲
151	去哪里、与谁为伍
153	亲爱的，买件晚礼服吧
155	谁有一颗富人心？
157	足球青春
159	波伏娃和萨特的爱情（上）
162	波伏娃和萨特的爱情（下）
164	弗洛伊德的婚礼，中产阶级的生活
168	纪晓岚书里的虐待狂
171	春天，我和网友有个约会

174	人生，每分钟都成长
176	弯路与直路
178	漂亮青霞
180	生孩子之前先生爱孩子的心
183	香港式的做人处事
185	伟人的家人
187	整个城是你的
189	为人继母，请持为师之心
192	成熟女子——延长的花期
195	沟通有限
197	生命的契约

菩提日记

| 200 | 菩提日记 |
| 220 | 惭无倾城色　修得兰慧心——代后记 |

中国内地白领女性心灵成长史

前 言

（一）

命运是什么？据说，最为理性之人所接受的观点是：命运是你自己所有选择的总和。当然，这个总和不是简单的叠加，而是所有选择的有机融会贯通。

那么，什么是自己能选择的呢？大部分情况下，对女人而言，爱情与婚姻是所能选择的事项，那么，做好这种选择，就是女人一生中最重要的事。我的书，主要就是探讨女人的爱情和婚姻，探讨如何做好这种选择。也许，我的案例和见解您不同意，但是，只要您肯看一看，说明您也在意个人成长、婚姻、爱情与家庭的话题，那么，亲爱的，谢谢您的赏光，就让我们一起想想吧，为了我们挚爱的人与人生。

（二）

在地铁如潮的人流里，在写字楼逼仄的格子间里，在售楼处涌动的抢购者里，在微博活色生香的文字里，您会看得到她们——她们，是城市生活的主流人群，是家庭生活的主要构造者，是各种推销文案最重要的目标人群，是这个社会最需要重视、也最具重视价值的人群。她们，就是社会学意义上称为白领丽人的城市职业女性。

您是,她是,我也是。

她们从哪里来?要向哪里去?她们经历过什么?她们渴望什么?她们抛弃什么?

女性,以隐然的存在掩盖了巨大的影响力,而白领女性,更是这个社会最有辐射能力的群体。所以,她们的心灵,她们的价值观的构成,对这个世界来说具有很重要的意义。

关心她们,探讨她们的心灵世界,是在关心这个社会的半边天。因为,有什么样的女人,就有什么样的家庭;有什么样的半边天,就有什么样的社会。

那么,就让我——身在她们中间的我,一个热爱写字的女性,一个以写字为职业的白领女性,试着写写我和我的同类们的心灵成长史吧。为我们自己作传,向我们的前辈女性致敬,与我们同时代的女性唱和,为我们的晚辈女性做一点路径上的试对与试错。也向我们的另一半——男性,展示一下我们的心灵世界,希望得到他们更多的理解,得到他们更多的爱护与尊重,一同携手,过更好的生活,创造更多的幸福,共建更健康的世界。

世界,我来了

十七八岁的她,带着第一次与人生和社会交锋后的成功,以高考胜利的名义,带着很多不确定的梦想,走向了大学,走向了大中城市,走向了她自己独力承担的未来,并将她自己的命运,从此起步。

女性、女人中的所谓社会中坚的城市中等收入家庭的主妇、白领,在中国内地,基本上就是以这样的方式诞生的。

她,她们(为了表述更加精确,我愿意用她们),在城市化、白领化的起步阶段,从形式上看,几乎都是平等而同一的,那就是在高校里开始成长。就像医院产房里诞生的婴儿一样,她们和她们看起来好像没有区别,实际上,因了父母,她们和她们的出身早就决定了未来的命运之不同。所以,阐述一下她们的出身,将会使我们更加明显地看出命运和人生的轨迹。

这些未来的小白领或是大白领们,出身基本上分三大类:

第一类是大中城市出身的、家境良好的真正的城市女孩儿。她们是真正的少女一族,阳光、健康、向上,开朗、随和、大大咧咧,甚至有点儿马马虎虎;她们通常学业中等偏上,但是算不上用功;有不少的男性朋友,虽然不一定有真正意义上的男朋友;她们接受(不一定热衷)

一切时尚的、流行的、热闹的、好玩的东西。开阔的视野、讨人喜欢的个性、好看（不一定靓丽过人）的外形，使她们极容易成为学校里的被追求者。城市出身、良好的家境、没有经历过苦难，这一切使她们身上很天然地具备少女的特性：雅致、随和、视野开阔，所以，她们很容易在同样成长中的高校的男孩子中形成最具女性特征的一群，被追求、被喜爱就成了她们天然的养分。而这种来自同龄的男孩子的宠爱与追求又会极大地增加她们的自信与自我认知，会使她们更快、更好地沿着健康女性的道路向前。她们在自己不自觉的情况下，慢慢地向幸福靠近。

第二类是中小城市或是小城镇、县城出身、家境普通的"小城镇姑娘"，她们是女性研究最值得关注的标本。这种类型的女孩子聪明、好强、有上进心，但是，与此相对应的，则是敏感、内心激烈、对未来有无限多的向往与设计。这种女孩子在成长中是最没有确定性的，她们的未来几乎完全是不可事先估量的。她们个人命运的上与下完全取决于境遇，既可成凤也可久居下僚，而个性和遇到的男人，几乎会起到决定性的作用。所谓性格定命运一语，基本是指照这种类型的女孩子的。她们的成长与人生完全取决于自身，而不会沿袭和受益于家境和前人的荫泽。（我会在后文有意识地提及和表述这个类型的女孩子）

第三类是出身比较贫苦、性格也比较朴实耐劳的农村女娃娃。这种女娃娃因为出身很贫苦，过早地经历了经济与社会等级带来的后果，所以，内心是比较坚强、比较务实的。她们对人生和自己都有现实而认真的规范，既不会自轻自贱，也不会好高骛远、胡思乱想。她们从进入校门的第一天起,想的就是完成学业、找个好男人,最好还能找个还不错的工作,结婚、育子、帮助父母、提携兄弟姐妹。这种女娃娃几乎可以说是没有少女时代的,她们是从童年直接进入成年的,甚至,她们从出生起,在内心世界里就是成年人。

初恋时的爱情

高校生活,会使身处其中的年轻学子中的大部分人产生安定而独立的错觉,对女孩子来说,尤其如此。这个地方会使她们第一次产生"我的生活"的感觉。城市少女往往生活在父母身边,生活在温室一样的家里,她们会有适当而节制的反叛心理,会觉得有点儿乏味和单调。而如今终于可以和别人、可以和自己不一样的人生活在一起,她们会有好奇心得到满足后的成就感,虽然这种成就感会很快就消失。

而小城镇姑娘也会觉得迷乱而兴奋。她会在这里找到许许多多她早就渴望而无法得到的"机会",她以为自己对那些"机会"是唾手可得。她既从那些比自己强的人身上发现新的兴奋点,又从那些不如自己的人的身上得到安慰。这对她来说,是她今后冒险乐园的第一站。

而农村女娃娃则会在这里发现:原来,世界上真有一种生活像书上写的、像歌里唱的——我们的祖国是花园,花园里花朵真鲜艳。她原来以为,书上写的东西是用来认字的,歌里唱的东西是用来学音阶的。在这里,她发现:原来,那些东西竟然也是一种真实的存在。她为此很快乐:自己终于知道了有这样的存在;同时,也会难过:她远在故乡、尚在贫苦中的父母兄弟姐妹也许一辈子都无法知道这一点。她会暗下决心:好好学习,好好找个工作,将来，让父母兄弟姐妹们都体验到自己今天的体验。孝女的心会从这一刻产生无比的坚决与执著。而在一个等级社会里，在一个经济发展不均衡的社会里，正是有了这样的孝心，底层的人才知道了向上走的路径和理由，社会的等级也才有可能实现新的变化。这些孝女们（还有孝子们）是社会平稳、安定的主要因子。（国家和社会应当感谢和庆幸有这些的一个群体或者说是阶层的存在）

在经历了这样初次的心理洗练后，来自各个阶层的年轻的女学生们开始了她们正式的社会化生活。

爱情，当然是第一站。

现在的年轻人都相信这样一句话：爱一个人不需要理由。这在极微观的层面上，是成立的。但是，在宏观面上讲，显然太一厢情愿。爱情，是需要理由的。焦大不会爱上林妹妹，理由是：阶级不同，阶级的不同导致审美的不同。审美不同，爱恋的指向当然不同。

在高校里，在作为社会新鲜人的培育基地里，看起来，都处在同一起跑线上的年轻人中间，爱与不爱好像是不需要理由的。实际上，细心观察一下，不难发现：爱情，是有充分的理由才会发生的。

通常来说，城市女孩儿的爱情是比较简单的，或者说是比较单纯的。一开始，城市女孩儿很容易成为众多男孩子喜爱的对象。她会经常受到他们中的很多人的邀请，他们会和她聊天、暑假旅游、报班儿，但是，很快，他们中的大部分人会和她变成朋友——真正意义上的、毫无男女指向的朋友。除非她遇到一个跟她自己出身、家境、最好是生活的城市都一样的男孩子，否则，她是不可能得到那些来自比她自己低很多等级的男孩子的爱情。那种在网上很流行的教授的女儿爱上农民的儿子的故事，也仅仅是发生在特定的年代和特定的环境下，比如教授家境破落了，否则，教授的女儿（如果教授自己不是来自农村的话）基本上是不大可能和一个老少边穷地区出身的贫苦农家弟子产生爱情的。在人气很旺的天涯网上，几乎每天都会看到这样的帖子：贫苦出身的农家子弟发誓，绝不找城市里出身的俗气的女孩儿，因为她们没有内涵、浅薄、没有孝心。注意：孝心是贫苦出身的农家子弟考量爱情和婚姻的重要指标，重要到甚至超出性格。而孝心，在这种状况下，实际内涵是指：肯不肯毫无怨言地、最好是积极主动地将双方收入的一半甚至更多贡献给男方家里（如果女方的娘家肯无偿提供更多支援那当然就最好了）。而城市出身的女孩儿从日常的言谈举止中流露出来的信息表明，她们并没有意向为拉平社会鸿沟而做出个体的牺牲。这一点，是那些积极投身于靠自身的努力改变一个家庭甚至一个村庄的命运的、有责任的农家子弟所无法接受的，这样的女孩儿必然会令他们远离。当阶层感、等级感以其强大的力量内化在人的审美中的时候，爱与不爱都是有理由的。白马王子或许会爱上灰姑娘（这里有男权的支持），而娇生惯养的城市"平民公主"是不愿意下嫁给农村寒门子弟的。

与城市女孩儿的单纯爱情相对应的是，小城镇姑娘多姿多彩的爱情生活。应当说，爱情这个词，之所以有那么瑰丽的色彩，那么多变的命运，那么令人感到神奇的力量，它主要是因为有了小城镇姑娘们多变的性情与不定的人生做晕染、铺陈，否则，爱情这个词在最上的阶层与最下的阶层里，都并没有过度的绚丽好言。

小城镇姑娘的爱情几乎无法做出一个相对统一的总结，因为她们的感情世界是那么丰富而驳杂，那么多彩而缺少成功指向。爱情几乎是她们一生最大的冒险，自然也是最大的人生创伤来源。所以，她们的感情几乎是没有办法做出定量分析的，就连定性都很困难。（但是，我仍然，试图努力总结出一点什么。所以，如果我写得有偏颇和不对的地方，欢迎指正。）

小城镇姑娘在爱情这条道路上，我认为，也勉强（是指写作分类的勉强，不是她们的感情勉强）可以分为三类：第一类是向城市姑娘看齐，也找一个心灵、境遇等各方匹配的恋爱对象，认认真真地寻找，甚至创造爱情。这样的姑娘表面上看起来是平淡的，好像是没什么追求的、随遇而安的姑娘，实际上，这种安稳、平和的心态，放到大的、涉及她自己整个人生的坐标系里来考量，就会看出，这是一种内在积极的、健康的、平稳向上的生活方式。它会使小城镇姑娘建立真正的城市化生存、白领化生存所需要的优雅、平和而从容的生活理念与生活方式。这种生活理念与生活方式将会使她在一种或许缓慢，然而较小波折、较小落差的状态下前行，有可能达到小城镇姑娘在朦胧中向往的那种安宁的幸福。应当说，这样的姑娘是有大智慧的，也是容易被命运所青睐的。她有可能让她的家庭成为真正的城市中等收入的安康小家庭，而她的女儿则会成为完全意义上的城市姑娘。她的儿子也极有可能成为真正意义上的城市阳光少年——如果排除其他的成长因素,静态地做一个分析的话。

　　第二类小城镇姑娘是野心勃勃的、相信奋斗改变命运的狩猎者。她们相信人定胜天,她们相信机遇垂青有准备的人。所以,爱情或者说婚姻,再赤裸裸一点讲,男人,几乎成为她们自我奋斗过程中最重要的奋斗方式和奋斗目标。

　　找一个有钱的人、找一个有权的人、找一个能帮助自己的人,成为这类姑娘的爱情(实际上这谈不上爱情,充其量叫男女关系的非现金交易)的首要法则。但是,这里也有细微的差别。有一种是公开的、路人皆知的、明目张胆地发掘与探险,她们将多金而多资源的男人视为猎物,将自己当作猎手,通过靠近、俘获一个男人的感情来俘获他的财富,从而达到社会财富在性别方面的大转移。所谓"宁在宝马车里流泪,不在公交车上流汗"就是这种交易型的男女关系最简单而形象化的表达。这个俗语说明了这种关系的艰难与这种类型的姑娘在付出与得到时的清醒意识。她们并不是不知道这种关系的危险与艰难,却仍然如飞蛾扑火一般去追逐,不是智力不够,而是改变命运的渴望如此强烈,强烈到不惜拿自己一生的幸福去做赌注,不惜拿自己当成本,换一些物质上的保证与社会阶层的提升。在这些姑娘面前,道德的压力几乎可以忽略不计,当一个人连自己的幸福都可以忽略不计的时候,又有什么能够阻挡她想要实现出人头地的强烈愿望?她一定会去狩猎,不计代价,不计成本,至于最后是得到"猎物",还是被"猎物"所伤,那完全取决于她的能力和运气。那是城市生活最大的传奇,是无数影视作品和时尚杂志最热衷的报道主题。所谓"人生是一场戏,每个人都是自己人生这场戏的导演,能不能成为大导演、拍出大制作,就看你有没有大愿望,能不能拉来大赞助,掌不掌控得了大剧组。"是的,人生这场戏,没有人喊"NG",没有脚本,是不是能演好,真是至大的考验。而冒险的女子,往往最能成为传奇的主角。可以说,每一个漂亮的寒门出身的姑娘,都有可能演绎一场都市传奇。当然,不是所有的传奇都有幸福的结局。

还有一种,是最具有悲剧意味、也最为令人扼腕、最能体现男女关系先天性不平等的,那就是普通人家的好女孩子容易上爱情的当。关于这个问题,一度很火的电影《一个陌生女人的来信》可作经典案例:一个离异的小学教师的女儿,在租住的小屋里遇到了一个看起来生活得很光鲜的老男人,她一定会爱上他的。不管这个女孩子是谁,这个故事一定会发生的。穷困的物质生活、孤单的精神世界,使得穷人家的女孩子一直以来希望有人(基本上是男人)带她逃离这样无望的生活。她把对一种丰富的、美好的生活的向往与追求人格化成了一个男人,然后指望爱情带她走进另一种全新的生活。所有的穷人家的女孩子,特别是好女孩子基本上都是这样想的。实际上,绝对多数的女孩子最终变成了一些深悉此道的老流氓们的艳遇。在工业化的社会里、在由乡村向城市进发的过程中,这样的故事天天在发生。

很多好女孩子基本上就是这样被毁掉的。《苔丝》是这样;《一半是海水一半是火焰》是这样;《知音》、《家庭》、《女友》那些杂志里的悲惨女主人公更是这样。

电影《一个陌生女人的来信》中的江小姐也是这样。她不断地告诉自己：她爱他。其实，这是她唯一的自我高尚化的通道，否则，叫她怎么活下去？她永远无法承认自己是因为爱慕虚荣而想要猎鹰却反被鹰啄了眼睛。不，她无法承认。她生来就是好女孩子，她生来就脆弱、就善良，她希望靠着看起来很美好的爱情而得到稍微好一点的生活。这无可厚非。她先天的善良与脆弱使她无法在心理上完全成为狩猎者，所以，被男人所伤时，她无法承受自我的谴责，更无法接受意识深处的道德批判，她只有把这一种伤害幻化成爱情，才能免去对自己的痛恨与对那个男人的愤怒。她企图用这样的办法免去伤害，其实使自己受伤更重。

不要怪这些出身很差的人家的好女孩子，以悲悯之心看待她们和她们的这一场悲剧"爱情"吧。如果她们的境遇好一点，有足够的物质和精神生活，青春期的女孩子是不大可能变得那么敏感、早熟、偏执而内心狂乱，也不致最后走到那么悲惨的人生之路上。她们只是遭遇了自己阶层的命运——贫苦人家的女孩子想要往上走的时候，将会遭遇巨大的阻力与伤害，那些伤害大到往往会毁掉她们的一生。

而那些不幸走上了这条荆棘路的女孩子将此解释成：我爱你，但我的爱与你无关。

其实，这样的与被爱对象无关的"爱情"，对一个社会身份属于较上阶层的、物质与精神皆不寂寞的成年女子来说，是最纯粹、最高尚的爱情，而对未来尚不确定、人生完全处于变数中的小城镇姑娘来说，这样的爱情就是灾难。对年轻的女孩子来说，自己的爱情一定与他有关，他爱自己、真心真意呼应自己，甚至支持自己、辅佐自己，女孩子的人生才有可能更好。一场爱情，如果不能让一个女孩子更好地与这个世界相融，反而使她的世界变得更糟糕，显然不是一场真正的、好的爱情。将爱情从生活中抽离出来，完全独立，不一定不好，但是，那有许多的前提条件——比如说，经济独立、社会阶层稳定、生活资源足够充裕。那么，这样的独立爱情会非常纯粹，享受起来非常过瘾。可是，对年轻的女孩子来说，并不具备条件去拥有一场这样的爱情，如果一定执意去要，就只能以自己的人生为成本——因为她除了这个一无所有。但是，好女孩子不懂这个，从而为自己的无知付出巨大的人生代价。

　　第三类小城镇姑娘是最令人同情、最令人感到忧虑的，那就是母性泛滥、将爱向下延伸的小城镇姑娘。这一类型的小城镇姑娘因了内心世界的强大、因了个性的倔强、因了天性中的冒险，她很容易爱上那种看起来很敏感、很有诗意（这种诗意不是文学划分体裁的那种，而是指一种生存状态中超越自己阶层的浪漫感）、很懂得爱情，实际上谋生能力比较弱、在社会竞争中相对处于弱势的男孩子。她渴望用自己的爱、自己的力量帮助他获得爱情、获得好的生活，从而满足她自己内在的强人意志，获取那种掌控人生的成功感与胜利感。但是，社会现实、两性力量对比的天然的不均衡性，以及这种男人先天具备的劣根性，使得这种努力几乎到最后都会付之一炬，这就造成了小城镇姑娘的悲剧性命运。点开天涯网、新浪网、摇篮网等任何一个网站的婚姻家庭类论坛，都可以看到不少这种女孩子前来哭诉的帖子：她用自己的全部，有时甚至搭上娘家所有的资源，帮助他、辅佐他，希望他站起来，像个堂堂正正的男人一样去社会上打拼，能够有体面的工作、稳定的收入，养活他自己、养活他们的小家庭，从而获得共同的幸福。可是，他只在她付出的那一瞬间说两句甜言蜜语，然后，拿她的付出去网吧玩游戏、去赌博场所翻本，甚至去做更下作的事情。等到钱没了，他会再回来，再一次用甜言蜜语还有下跪、自残等等的方式求取她的原谅，让她再去找钱给他。周而复始。开始，她会原谅他，后来她会怨恨他，最后，她就习惯了他。这样的立誓—付出—挥霍—争吵就成了一种生活方式。她接受了，她习惯了，她麻木了。她终于变成了一个可怖家庭的因子，一起制造着悲剧，为社会埋下更多不和谐的因子，制造更为悲剧命运的孩子。从这个时候起，她从一个有梦想、憧憬爱情的女孩子，变成了一个疲惫、破落、毫无尊严的雌性，行尸走肉一样活着，变成了最可悲的女人。她没有了爱情，没有了尊严，没有了自我，她什么都没有了。而这一切，仅仅因为她当初相信爱情，相信自己改变得了一个男人。

　　最后要说的是，农村女娃娃出身的女孩子的爱情。农村女娃娃出身的女孩子的爱情实际上少了很多自觉性，更多是自发的，她们凭着朴实的天性，找一个各方面看起来和自己比较匹配的男人，幸运的话，可以过上一种安稳的生活，到了中老年，甚至会由衷地感觉到幸福。时运不济的，则会沦为不幸家庭的壮劳力，一直生存着，而不是生活着。在经济发达地区的三四线城市和县城里，在经济欠发达地区的二三线城市里,这样的女子是当地生活的主流人群。她们上了不太优质的大学,就读了不太热门的专业,没有有力的支撑系统,在当地激烈的就业竞争中,最后大多也能谋到一个饭碗。这个工作虽然不是那么令人羡慕,但也足够给她温饱;这种生活虽然不那么光鲜,但至少已经超越了她的出身,比起她的母亲和不曾上过大学的姐妹们,她依然庆幸自己现在的社会状态。偶然去外地出个差,在她,就是珍贵的经历;单位过节时当福利发的肉蛋禽奶,是她孝敬父母的好礼品;家里兄弟姐妹有困难,她依然是首先被想到能够提供支持的那一个得力干将。

她对生活没有太多瑰丽的期许,但有踏踏实实过日子的愿望和努力;知道一些最新生活资讯,但恪守本分依然是她生活的主旋律;她人生的主要职责是生儿育女、孝敬父母、帮助兄弟姐妹;在她的世界里,自我与享受被放在很靠后的伴置;她的世界里,最浪漫、最有意义、最有价值,也最有可能愿望成真的一件事就是养育好孩子,让孩子受到良好的教育,将来跨越她的阶层与出身,进入到一个更高、更好的阶层里生活。过上她曾经朦胧中感受过、却不曾拥有过的电影、电视里表达的那种现代、时尚、自我的优质生活。她是社会精英的培养者,她是更上阶层新成员的输送者。

她熟悉底层人的痛苦,并对底层的人怀有深深的同情与理解;她珍惜工作,干活儿卖力;虽然没有更多、更好的技能,但只要出力能解决的,她一定在所不惜。所以,经过多年的刻苦耐劳,中年之后,如果没有意外的人生打击,她也能在单位上谋得一介职务,在经济上有所斩获,在生活上全面进步，成为一个她自己梦想中的过上了好生活的女性，成为社会中最踏实、最稳定、最和谐的存在因子。

社会新鲜人

对于大多数未来的白领来说，校园生活几乎是他们整个人生当中经历感情，特别是爱情的最基本、最全面的地方。这以后，一旦大学毕业走向社会，他们就得面对残酷的生存竞争，感情，特别是爱情，在他们的个人生活中，会退化到很边缘的位置，直到他们发生第一次婚外恋。

这些社会新鲜人离开大学校园的第一天，就面临着在哪里工作的问题。这个"哪里"，有两层含义：一是地域，二是所就业的单位。这两个问题将直接决定这个社会新鲜人未来的命运与人生走向。基本上来讲，那些在大中城市出生、家境良好的城市女孩子通常会选择出国或是到知名外企工作，也有的人会选择继续学业。她们当中有些人即使没有一开始就出国，也会在未来很短的时间内出去。对她们来说，出国和受高等教育本身一样，是必然的，是不需要讨论的，在认知上是如此，而在实际操作中，她们也完全具备这个可能。这些人因为出身、资质的原因，在社会竞争中很容易获取更多的资源，所以，她们靠原本占有的更多、更好的资源而得到新的更多、更好的资源。所谓"拼爹时代"的说法，就是对这种现象的一个最形象的描述。有良好出身、有有实力的父母，再加上自身资质不错，这样的女孩子当然更可能得到好的工作，进入好的环境，从而接触到更优质的男青年，为未来爱情和婚姻的顺利进行打好可选择的基础。

也有一部分出身平凡甚至偏差家庭的女孩子，也因为自身的努力，或是机缘，会出国、到外企工作，但她们中的大部分会选择到一个好的国字头的企业、中直、省直机关、效益和前景都不错的事业单位就业。这部分女孩子中未来社会等级分层会比较大，相互间的落差也会比较明显，有的人靠实力与运气会迅速上升到新的、更高的社会层级中，也有的会处于相对较低的社会层级中。这里除了能力的原因，很大程度上靠机会，或者说是运气。而婚姻，将会在其中起决定性的影响。所谓婚姻是女人第二次投胎，说的就是婚姻对女性人生的巨大影响。基本上可以说，对女人而言，有什么样的婚姻，就有什么样的人生。婚姻的成功与否直接与人生的成功与否相关联，就算不是百分百一一对应，也是有巨大的影响。而这一点，在男人那里，并不那么明显。

更多普通家庭的女孩子，因为学校一般，所处地区经济发展较慢等原因影响，只能选择到普通的机关事业单位、效益平平的企业等部门任职。她们当中能力超强、机会过人的人也有可能会在未来出现跳跃性的突破，而大多数人就此成为普通的市民，过着柴米油盐的百姓生活。

可以比较武断地总结一下：这些社会新鲜人在进入社会后的前五年的运道，基本上会决定其未来整个人生的轨迹。她们进入社会后的前五年的运势，基本上就是未来她们整个人生的走向。除非发生运势的突变，否则，人生基本上就这样定型。在大的走向上，不大可能发生特别的变化。而女性，因为生育年龄的限制，在进入社会前五年后如果没有迅速为自己未来生活做好基础工作，未来人生的圆满就会大打折扣。这五年，对女性来说，几乎决定她未来一生的走向，也最能体现她个人的突破能力。这五年走得好与不好，对她个人而言，事关重大。

至此，一个女人的一生中的最美好的少女时代就结束了，接下来，我们需要探讨最能说明女性问题的婚姻、爱情以及婆媳关系，乃至所有这些问题背后最实质性的男女两性关系。

婚姻之门

无论是小白领还是大白领,几乎百分之九十九的人在确立了自己基本的人生走向之后,所做的最重大,也是对今后人生影响最深远的决定是:结婚。对于婚姻就是命运的女人来说,尤其如此。

(虽然,在开篇的时候,我们以家境和出身的不同,而大致将女人分为三大类。但是,在面对结婚这个问题的时候,原来的分类尽管也有一定的意义,但是,如果想对这个特别重要的女性问题得出一个更具说服力的结论,必须得将我们的分类进行新的变更。而这一次的变更,表面上看是作者个人写作的需要,实际上,是女人命运的变更的引致。)

那就是说,结婚,对女人来说是人生分水岭,如果说,此前整个生活质量的高低取决于父母和父母所在的家庭,那么,这以后的人生质量,则完全取决于丈夫和夫家。所以,我们的分类也由此开始。

第一类:俊鸟攀高枝

无论哪个阶层,在婚姻这个问题上,信奉的都是"娶媳不如己,嫁女强过我"。当然,做不做得到是另外一回事。所以说,女孩儿嫁到比自己娘家境况好的人家,基本上是天经地义的。所以,女孩儿找一个比自己娘家强很多的夫家，会被人视之为有本事。这个"有本事"的真实含义是：个人自身条件不错，并且有能力依靠不错的条件找到更好的资源。所以，即使是极端如视婚姻为掘金的淘金者，过程中受到的评价也是艳羡多过指责。起码，在正式的、官方的场合，没有人敢对靠婚姻得以进入本不属于自己的阶层的女性进行公然的指责。而那些双方落差不是过多的、不是特别明显属于女方高攀的婚姻，则基本上不会受到来自社会的指责，甚至女孩子自己更是觉得心安理得。所以，嫁大款的"捞妹"一族才在世俗生活中得到同类人和那些有实力接纳她们的上一阶层的男士的喜欢与赞美。

与这种喜欢和赞美相匹配的是，这样的婚姻，确实在婚姻生活中是属于最稳定的一种类型。因为，它符合婚姻基本的、最原初意义上的定义。婚姻，对女人而言，是将自身结合于社会的最佳手段，而对男人而言，婚姻是对他生存的证实与扩大。女人，通过婚姻来实现自己，男人，通过实现自己来实现婚姻。这里，存在着天然的不对等性。（如果研究这种形成的根源，可以写一本书，但是，在这里，我不打算展开，我只是写出我的结论）形成这种现实的深刻根源，首先是生物性的原因。天然的生物上的构造与种属命运的天定，即雌性与雄性的生物命定——生育是雌性的种属命定，而生育的时候，她需要雄性的供养，所以，雄性的供养能力对她和她的后代非常关键，那么，她一定会优先选择那个有能力提供更多、更好的供养条件的雄性；二是历史的沿袭，人类社会制度的变迁表明，这样的匹配可能是最适合人类生存和壮大的一种社会传承方式。虽然，在今天，它已经受到越来越多的挑战——当社会资源不够完全满足所有人的需要，必然会发生竞争，而竞争的时候，体力更强健、性格更强悍的男性显然更易拼到更多的资源，也自然会得到更多女性的臣服与仰赖。而体力劳动逐渐退出、智力劳动更能产生价值的时候，女性也逐渐进入竞争市场，并取得越来越多的收益，她们对男性不再那么需要，对男性的敬仰之情也自然大打折扣；三是男性和女性在经济、心理、教育等各方面的落差注定，这样的方式在当前也仍然是一种社会化生存最适宜的方式——对大多数女人而言是这样。当她在教育、心理、经济各方面不如男性，却又希望过上和男性一样好的生活的时候，她只有将自己当成本付出，来取得收益。这便是婚姻最重要的经济契约精神。

所以，攀了高枝的"俊鸟"从一开始就知道，她将通过这个男人及其家庭来实现自己的人生，这暗合了婚姻的实质，所以，她从一开始就做好了这样的准备：温顺、贤良、相夫教子、孝敬公婆、友善姑叔。她的娘家也会受她的影响，或者她的娘家早在她之前就已经做好了同样的准备。而夫家，也是相应的标准与要求。特别需要指出的一点是，她的丈夫的心理。他在一开始的时候对她的界定就是：他的主妇，他的后花园，他的父母的媳妇，他的孩子们的母亲。只要她符合这几项原初的定义，他基本上不会对她提出其他的要求。那么，只要她安于室，只要她没有非分的、违抗或是破坏她的身份的行为，他是会一直给她这个名分的，并且，也会供养她——从物质和精神两方面。当然，他对她的第一定义是妻子。所以，对于那些靠丈夫供养的女性来说，她必须具备这样的条件：她在价值观方面要足够空洞，没有任何出色的特质。只有这样，她才有资格得到供养。这是这份婚姻契约从一开始就要求的，如果她做不到，那么，她"太太"的地位就岌岌可危。

第二类：爱拼才会赢

由于成功的、家境优越的未婚男子也是社会的稀缺资源，所以，得以嫁入豪门或是攀结上"钻石王老五"的毕竟是女人中的少数，大多数女人是会嫁给一个和她自己各方面比较匹配的年轻男子，双方以合作伙伴、性爱配偶、精神伴侣的三重身份相依相伴。正是因为他们是这种双方之间比较平等、比较合作的结构，这与婚姻天然的内在——女人，通过婚姻来实现自己；男人，通过实现自己来实现婚姻的原初定义不相称，所以，这样的婚姻关系是所有婚姻中最不稳定的。这种不稳定性随着女方个性的强悍、个人在社会上的成功程度的增加而增加。这种婚姻在不断地考验夫妻双方的认知能力和适应能力。而男人，受的内伤显然更甚女方。虽然这种婚姻通常以女方的诉苦、不平、委屈感作为明显的外在表现。因为，诉苦、不平、委屈都是因为感到自己在婚姻中所承受的东西在结构上不平衡，因为她在朦胧中感觉到自己在婚姻中付出的过多：她通过自己就直接实现了与社会的结合，还帮助他通过婚姻实现了他的自我，这与婚姻的本义是相违背的。而他，也会因此而感到内在的受伤：她不需要他就实现了与社会的结合，他的天然的介质性和终端性受到了挑战与超越。当双方都感到内在的存在性受到了挑战的时候，这个婚姻的稳定性也因此受到了考验。

这样的婚姻是最不稳定的。所以,人们通常会说"同学婚姻"是最不稳定的,因为双方各方面条件都比较同质,丈夫对妻子缺少内在的优越性,所以,丈夫很难受到妻子的膜拜,这令丈夫不快,同样,也令妻子感到委屈。我们常常看到这样的新闻:他们青梅竹马、两小无猜,一同创业一同成功,而当事业的巅峰到来的时候,他们的婚姻却解体了。他选择了除了美貌,其他各方面都不如他的原配妻子的年轻女孩子。作为曾经的原配妻子的她愤怒于自己苦心栽培的人成了别人的丈夫,她认为他是个喜新厌旧的愚蠢的"陈世美",她很想跟他说:"那个狐狸精是看上了你的钱,别看她在你面前点头哈腰,那是在向你的钱点头哈腰,如果没钱,你试试!"她不知道,他就喜欢"那个狐狸精"看上他的钱,让一个年轻美貌的女子臣服于最能体现他的价值感的他的钱面前,这对他是多么大的肯定。他要的就是这个感觉,这会令他感到极为享受,而她,跟他共同赚取了那些钱的她,永不会对他产生同样的臣服感。他当然会选择那个看上他的钱的"狐狸精",而不是在精神和物质上都与他平起平坐的她。

人们都说男女感情要平等,其实,在婚姻中,恐怕越平等越不稳定,因为"平等"违反了婚姻内在的不平等性要求。在自然界,没有落差,形不成瀑布;在婚姻中,没有落差,形不成稳定。

第三类:下嫁——委屈是聘礼

就像前文所说,既然有攀高枝的"俊鸟",就必然有下嫁的"公主",特别是那些母性泛滥、爱向下延伸的内心强大的女孩子,很容易下嫁给一个各方面和她自己并不匹配的男人。她指望以这样的方式实现自己直接与社会结合的超然性。但是,女性的宿命决定,这往往是一个非常艰苦的历程,虽然,这样的结合并不一定百分百是悲剧。值得注意的是,这种婚姻的稳定程度,反倒是不可一概而论,而是分情况而有不同的发展。分情况的标准就是女主人公的个性强悍与否。那种真正性格强悍的女性,和她那诗意、精神上文弱而温顺的丈夫之间也很有可能形成和谐。这种和谐从某种层面上讲,比较像"俊鸟攀高枝"类型的家庭,双方对各自的角色有着理智而清醒的认识,虽然这种认识在根本上是错位的,即妻子充当了丈夫的角色而丈夫充当了妻子的角色,只要他们夫妻中妻子内心足够强大而丈夫也足够温顺,这样的婚姻仍然是安稳的。我们其实在媒体上偶尔会看到这样所谓大女人与小男人的幸福生活的报道。因为这种情况也暗合了婚姻内在的不等性——只要双方间有落差,哪怕是错位的落差,这种婚姻也会比较平稳。

而最令人兴趣盎然的研究对象是另外一种:即下嫁后,开始妻子性格比较强悍丈夫也比较温顺,但是,随着时日的增加和外在境况的改变,妻子不再强悍,或者丈夫不再温顺,最糟糕的是,双方同时意识到了不平衡性,双双在内心里对原有的家庭结构产生置疑,从而,丈夫想再显男儿本色,妻子也想回归女儿柔情,这种时候,婚姻的大厦开始倾斜,变故就会随之而来。这种状况是下面文字最着力探讨的,也是众多婚姻故事中最常见的模板。

在婚姻家庭类论坛的抱怨帖中，多是这种类型的家庭关系。而坊间最为流行的"怨妇"一语也是指这类妻子而言。所谓丈夫是"从奴隶到将军"，而妻子是"从将军到奴隶"，双方在家庭结构中的反逆造成了矛盾，从而造就了不幸福的起因。各种教妻子如何抓住丈夫的心、丈夫的胃、丈夫的什么和什么的所谓婚姻指南，也是以这种妻子为销售对象。因为这种关系最具有不可预测性，也许，努努力，就好了；懈懈劲，就离婚了。变与不变，全在二人一念间。这也为未来的生活留下了无法估量的各种导引线。人生，就是各种导引线的凸显与解决，充满变数，充满故事。所谓婚姻的多变与不可预测性，基本上指这类夫妻关系而言。所谓经营婚姻，也是就这类婚姻关系而言。现代经济社会表明，越是同类，竞争就越激烈，夫妻间，越是内在平等，就越是可能爆发矛盾。这是由婚姻内在的不平等性先天注定的。不承认这一点，婚姻的复杂与矛盾就无法解释，更无法解决。

而其他类型，不管表面上看起来如何怪异，都有内在的稳定性。理由如上。

初为人母

　　进入婚姻，并且在社会上经过初步打拼、找到自己位置之后的前五年内，大部分白领们会考虑生育。前面，我们说过，进入社会的前五年基本上决定了一个人大致的未来人生走向。在确认了自己的人生进入该进的轨道之后，育儿就会成为内在的人生要求。当然，外在的表现形式是各个不一的。有的会声称受到来自双方父母的压力，有的是为了享受某种福利，有的可能比较自觉地意识到需要外放内在的母性。所以，白领丽人们会在这个阶段内争先恐后地做起小母亲来。当然，我们不能忽视另外一种倾向，那就是一部分存在人生变异或者是突破可能的女性，并不会急于在这一阶段生儿育女。对她们来讲，这个阶段仍然是冲刺时机，她们会继续向上努力，直到确认生子时机的成熟。可以说，女性社会地位的高低与其初次生育的年龄几乎是成正比的。越是个人社会地位高的女性，初次生育的年龄就越是偏大。在刚刚开始培育中等收入家庭的大中城市，尤其如此，而西方发达国家及较早实现了工业化的东南亚国家的社会现状也说明，经济越发达，社会地位越凸显，女性结婚并生育的意愿就越低，初次生育的年龄就越是偏大。

　　而这种对育儿的渴望心理也同时伴随着夫妻关系的隐性变革而逐步加深。从初婚时的如胶似漆到双方逐渐认可对方的配偶身份，夫妻双方的关系大致会呈现如下三种走向。第一种是：丈夫从妻子的第一个儿子变成了她的兄长、师长，他在她的心里逐渐成长为半神。这个时候，她渴望有一个依恋自己、听任她的摆布，却具有他的半神性质的娇弱的生命出现在怀里，听命于她，就像最初的时候，他听命于她一样。这样的女人会热切地渴望生下她丈夫的孩子，并且，她心里暗暗希望是个儿子。这样的夫妻关系下，第一个孩子出生后，妻子会将全部的精力移植到孩子的身上，做丈夫的很容易产生失落感。他不明白她口口声声说爱他，却为什么总是没有时间和精力看他一眼，而是把她全部的热情放在那个小东西身上。他不知道，她爱的实际是他，是娇弱化了的他。

　　第二种夫妻关系是妻子意识到了与丈夫情感的淡薄化，她会产生焦虑，觉得无法掌控他，她急于改变他们的关系，她最先想到，并且认为最有力的武器是孩子。她认为，只要有了他的孩子，她就拥有了他们关系的命脉，生育在她实际上成了一种冒险和工具。女人在这种婚姻中会有深深的幻灭感，她对她的家庭、她的丈夫，包括她的尚在腹中的孩子都有一种焦虑感，一种借此改变什么而又身不由己的感觉。这是妻子的悲哀，也是母亲的悲哀。当生育不是母亲想享受育儿的乐趣，而是成为改善夫妻关系的工具时，这个孩子未及出生就承担了帮助父母的使命。而当孩子出生后一旦无力实现母亲最初赋予的重任，孩子就会受到父母双方的冷遇，孩子会被视为负担，会变成夫妻双方迁怒于对方的移形。这样的家庭里，因为妻子不是好妻子，丈夫不是好丈夫，那么，母亲便也很难成为好母亲,父亲也很难成为好父亲。建立在夫妻关系上的亲子关系,很难脱离夫妻关系的影响而独立存在。没有好的夫妻关系,不太可能有健康的、良性的亲子关系。

第三种夫妻关系就是结合即为育儿的类型,这种夫妻双方都认为育儿是结婚最主要的理由与婚姻最好的出口。所以,他们不会在这个问题上进行选择,他们把育儿当作是先验的存在,是必经的道口。他们在这个问题上不会有纠结,双方会很迅速地完成生育的任务,并以此作为主要的生活方式。这样的夫妻,彼此对对方没有太多的期许,虽然内心深处也大概渴望异性的温柔,但不太会对对方提出这样的要求。在他们双方的眼里,配偶就是孩子妈妈、孩子爸爸。只要对方肯对孩子给予关照,就不太会对对方提出更高的要求。这种关系在当前的白领中仍然占据主流,虽然日益受到挑战。这与中国是农业大国、农村人口占主导有关系,更与白领的相当部分来自农村、农民有关系。结婚、生儿育女是唯一的存在方式,至于生命的意义、人生的价值,在这种夫妻关系中会显得多余而可笑。

有了这样的不同,做母亲,在女性那里也会有不同的反应。对女人来说,夫妻关系将会直接影响到她做母亲的态度。丈夫是否对此感到骄傲,是她能否愉快接受怀孕和生子的重要外界因素。越是对妻子怀孕感到骄傲的丈夫,越有可能促成一个女人从小女孩儿向母亲的成功转型。反之,越是对妻子怀孕不当回事的丈夫,越是不可能享受妻子从娇蛮女生进化成贤妻良母的好处。当然,我们也不能忽略女性个人的意志能力对怀孕和育儿的主观能动性影响。越是具有独立意志、自信、坚强的女性,越是对她第一个孩子的到来充满热情与期待。她会以积极、主动的心态和行动迎接她的第一个孩子。反之，缺少独立意志的女性，会对孩子的到来有恐惧感和抗拒感。如果她的丈夫也不对此感到骄傲与鼓励的话，那么，他们第一个孩子的到来显然会经历很大的考验。来自育儿网站网友的粗略统计显示：孩子出生后三年内，是年轻夫妇离婚的高峰期，因为这个阶段，家庭关系的改变，并且是复杂化的改变会对夫妻关系造成很大的考验，一些难以适应变化与挑战的夫妻就会选择以离婚来收场。在各大婚姻家庭类论坛前来哭诉家庭烦恼的也多是处于这个阶段的女性。

而在谈到初为人母的问题时，一个无法忽视的问题就是避孕与堕胎问题。（这是作为女性作者，我的性别良知要求我必须正视的一个问题）可以说，中国内地的白领中，绝对多数的女性在她的一生中因为避孕失败而不得不进行一次甚至多次堕胎。无论采取的是哪种方式，堕胎都会对女人造成巨大的伤害。现在，医学和人们的观念都对堕胎对女性身体的摧残给予了足够的重视，但是，几乎没有医生或是伦理学家关注一下堕胎对女性心理上的巨大伤害。实际上，稍微留意一下女性网友居多的婚姻、家庭类论坛或微博，就会发现：堕胎之后，特别是在生育第一个孩子之前的堕胎，将会使女性产生巨大的伤痛感。她会在心甘情愿或是被动地选择堕胎手术之后，第一次正视生命与她自己的女性特征，并会认真审视那个造成她堕胎命运的男人与自己的关系。她会产生严重的受害感，这种感觉会一直持续到她第一个孩子的诞生。这以后，她也许也会因为避孕失败或是其他的问题而进行堕胎，却不会产生初次生育前的那种强烈的受害感。(为什么二者之间会产生如此强烈的反差,我尚未求得答案)遗憾的是,男人是永远不会理解女性堕胎之后的这种受害感,并对因此而造成的二人关系的破裂迷惑不解。许多大学校园里的初恋以失败告终,很多人只说:初恋失败是天经地义,却没有兴趣或是能力研究为什么。(我也无法给出全面的答案,但是,我知道性关系之后的避孕失败而带来的堕胎手术,是许许多多善良而单纯的女孩子拒绝那个莽撞而没有责任感的男孩子的最深藏不露的心理原因。)法国存在主义女哲学家西蒙娜·波伏娃说:"女人是永远无法原谅那个让她失去了第一个孩子的男人的。"

那些在生育第一个孩子之前遭遇堕胎之痛的女性,在心理上会产生极大的反差。第一种是从此变得抗拒男人,抗拒男女性行为,严重者会成为性冷淡。第二种是从此放浪形骸、纵情声色,不当自己的生命为人间至贵。在这两种极端情况之外还有一种比较普遍的情况就是:女性个体留恋现有的生活状态,觉得养育孩子的生活对于目前的生存状况来说,是大厦将倾,而她的男人觉得要孩子很好,不要也可,为了尊重女人的意愿,同意并陪同呵护堕胎过程。这种类型的女人,堕胎之后,心态前后并不会太受影响,甚至有人会因此而和男人的关系更为亲密,爱情的感觉更加升华,顺利走入婚姻殿堂。但是,这种情形的发生完全取决于那个男人的责任心与社会奋斗能力,对女性来说,不具备普遍的参考性。

当然,即便是这样的女人,走向手术台的过程,躺到手术台上的姿势,接受手术过程的痛楚,以及目睹尚未长成的那团血肉的时候,性别的自我意识也会从未有过的强烈。那个时候,她是沮丧的,对男人是排斥的。也许,过了一些时日,她会忘记——因为这是她认为的最好选择。但是,她不知道,她只是把这痛放在意识最深处,藏起来了,而不是抹去了。那痛终究有一天,会再次与她自己相遇。在夜深人静的时候,在孤单一人的时候,在她面对自己的时候,那痛将会对她进行残酷的拷问,让她深切地感受自己的性别命运、性格特征,以及未来人生路径的选择。这种拷问基本上发生在两个时段——她的婚姻第一次出现重大问题或者她的女儿第一次恋爱。在这两个重要时刻,往昔的堕胎之痛将深深地再次刺激她,让她深刻思考自己的人生选择。如果是女儿的爱恋,那么,她的痛苦感可能会更为深重。她把母女两代的痛惜放在一个人的身上,那痛,就会来得格外深切、格外沉重。

　　是的,堕胎,无论是哪种形式,都是不健康的。它对女性的伤害,大到男性永远无法理解的程度。(男孩子啊,请学会积极健康的避孕吧,如果你真的爱那个姑娘。哪怕你不爱她,也请给予她基本的尊重与保护,不要让她在这个事情上受到伤害。姑娘啊,学会保护自己吧,在避孕这个问题上,任何人都保护不了你,除了你自己。请你们学会尊重生命,这是女人和男人都应当不泯的天性。)

工作着是美丽的

进了职场、结了婚、做了母亲,接下来,一个成熟女性最为关注也最为重要的生活内容就是她的工作。有的时候,甚至先于其他方面而成为她生活的至为重要的部分。白领女性,这个名词最基本也是最重要的内在种属特性就是在职场工作,有职业归属。工作,对白领女性来说,是第一定义。

尽管如此,但并不是所有的白领女性对工作的认识与态度都是一样的,结局更是各个不同。

(我们仍然分类进行分析)

白领女性这个名词之所以具有一定的社会褒义和群体认同感,与这个群体中的第一类——精英白领女性所赋予的价值感有很大关系。有一个曾经流传很广的名词叫"白骨精",专指这类女性,意为"白领、骨干、精英"。她们在职场上具有很高的战斗力,能够以较为迅速与突出的方式成为职业人士中的佼佼者。她们在政府部门,是司局级以上的领导;在知名外企,特别是世界500强企业中,是中国区乃至亚太区执行长及以上的高管;在社会机构,是独当一面的负责人;在科研机构,是一个领域的领军人物;在媒体,是卓有传播力的舆论领袖。总之,她在自己的职业场合,有很高的话语权,有不菲的影响力,有值得期待的社会阶层上升空间。与中国经济的高速发展相得益彰,这些"白骨精"的数量和质量正在以有史以来最快的速度提升，她们不但傲视自己的同性，也对男性世界形成巨大的影响与挑战，甚至在某些机构与场合，她借了自己"女性"的性别优势，会比男性获取更多的机会与更好的发展。

第二类，是通常意义上的白领女性，是脑力劳动者中的主体，是任何一个机构最主要的劳动成果提供者。政府机关的处级干部、外企的部门经理、科研机构的研究员、媒体行业的主编、社会组织的业务负责人等等，都属于这一概念的基本内涵。她们熟悉自己的本职业务，有明确的岗位意识，较为胜任自己的工作，是承上启下的"壮劳力"。职场上所说的"女人当男人用，男人当牲口用"，通常指的是这类女性，她们比较"可用"，有产出，有回报，对领导和单位来说，是成熟的劳动力，是性价比较高的人力资源。

第三类，是外延于"白领女性"这个概念的较为平常的非体力劳动者。她们是具有一定的学历、能够做一些基本的智力工作、收入与社会地位都很普通的城市职业女性。她们所做工作虽然不是体力劳动，但也不具有很高的技术含量，可替代性较高，个人职业优势较为弱化。她们以"白领"自居，实际上是对自己的职业和社会地位的一种美化，有一些用社会标签"贴金"的装饰作用。

这三类职业女性从前往后在数量上是呈逐级递增的，整个成金字塔形，越往上，人数越少，竞争越小。反之，越往下，人数越多，竞争越激烈。第一类女性数量不多，相对也较为稳定，除非出现个人重大职业失误，否则不太可能出现下移。而后两类女性因为竞争激烈，分化比较明显。有较强竞争意识和竞争能力的女性，会向上走，逐渐走入更上的阶层，最好的当然是进化成第一类女性。而竞争意识和竞争能力较弱的，则很容易被替代，向下走，甚至被淘汰出局，自动或被动成为非职业女性。

那么，这种淘汰赛中有没有什么规律可循呢？答案是肯定的。那就是，职场女性在竞争中有三种姿态的区别。第一种，是升职高手型。这种类型的职业女性通常有较好的简历——有骄人的教育背景、就业经历，也有很好的表现能力——亲和力、说服力，而且熟谙职场语言。能用最适合自己、最能展现自己的职场语言（无论是身体语言还是书面语言或者表情语言）让上司、让外界注意到自己，给予自己相称，甚至高于自己能力的职务和薪水。这种类型的职场女性擅长职业交际，长于与同业交往，惯于出入社交场合，所以，会得到比较多的机会，能够迅速获取目标对象的认可，从而得到自己想要的职场机遇。这种职场选手不一定能干事，但是特别能升职；不一定有实实在在的业绩，但一定有炫目的职业经历。她们（包括他们）是职场上的明星，光芒灿烂、引人眼球，是天生的职场宠儿。

第二类是干活能手型。这种类型的职业女性不一定有炫目的职业简历，也不精于表现自己，但是这种人比较踏实，能够坚持，会在自己的岗位上认真工作，努力付出，靠着自己的"老黄牛"精神，一点点地推进工作，一点点地积累业绩，最终靠业绩说话，站稳脚跟，甚至慢慢提升自己的职务和收入。通常来说，这种人在职业生涯中起步较低，积累时间较长，但能始终维持缓慢而持续的上升之势，并且一旦得遇机会，能够迅速占领自己的"势力范围"，并维持长期胜况，属于后发型的职场选手。

对这两种类型的职场女性稍做比较就可发现：升职高手型的职场女性容易获取机会，但也容易失去机会，因为这种类型的人不太有时间和精力真正去把一件事情做起来、做好，所以，巩固胜利的能力相对较弱，只有靠不断获取新的机会来保持自己在职场上的身份与待遇。所以，变化迅速是这类人比较明显的特点，不断地更换工作单位、不断地更换从事行业、不断地更换头衔，是这类人士的特长。而干活儿能手型的职业女性因为短于获取新的机会，所以会认真做事、踏实巩固，靠长期的努力与坚持，获取上升的空间与机会。所以，这种类型的职场人士相对比较稳定，会在一个机构、一个职位上做较长时间，看起来发展较慢，但是有长期可持续的发展能力。实际上，真正最后有大发展、成为职场一方"诸侯"的往往是这种类型的职场人。

第三类，则是没有太明确的职业要求，也缺少对自己职业生涯规划的较为普通的上班族。工作对这种类型的人来说，就是领取薪酬的无奈代价。对女性来说，因为有家庭、孩子的负累，这种得过且过、熬时混日感就更为明显。如果在对工作时限、工作业绩要求不高的机构，这种女性也能靠熬时间一天天过下去，纵无所得也无失去，只要有固定薪水可领，有没有成就感、有没有升迁也就不那么重要。但是如果不幸在讲求业绩、讲求时效的机构工作，这种女性就会感受到来自工作方面的巨大压力，甚至会被淘汰。那么，她只有两条路可走：要么，不断地找寻新的工作机会，要么，就退回家庭，做全职太太。

全职太太：一份需要特别才能的职业

如果说，尽心尽责地完成"妻子"角色所需要的义务，是所有女人的天命，那么，超越照顾家庭、抚养孩子的本分，做更多的努力、付出与平衡，则是全职太太更为严苛的身份要求。

相当一部分职业女性，在婚后，特别是生育了孩子之后，会选择退出职业场所，全职照顾家庭，从事"全职太太"这一职业。在经济高速发展、职业竞争越来越激烈、社会阶层分化越来越明显的时代里，有越来越多的职业女性在人生的某个阶段，选择从事这一职业。

这里，也基本可按两类情况加以表述。第一种：主动选择退出职场，保证家庭生活质量更为优质，个人才能更为专业化发展。这主要发生在夫家经济状况优越、自身综合素质较高、不必仰赖薪资也可获得优质生活的中高收入家庭的女性身上。她们的家庭固定资产起码超过千万，家庭年收入逾百万，妻子的薪资对家庭来说没有贡献性，相反，她可能为了工作而失去的时间成本对家庭而言是一种得不偿失的投资，收益率极为低下，所以，她会选择留在家里做好全职太太。这对以家庭为单位的计算方式来说，当然是最优的选择。但是，这对她个人来说，不见得是最好的人生路径。

当她留在家里，她就自动切断了社会竞争的训练之路，她的发展完全取决于她的家庭的发展。而所谓家庭的发展，是指有更多的财富积累——这主要取决于她的丈夫的赚钱能力；更多样的消遣方式的拥有——她必须将自己训练成一个卓越的买手，知晓最新、最流行的消费方式，了解最好的消费场所，熟悉最好的消费品牌，以便为她的丈夫在事业和生活中提供备案，供他选择。而对她自己而言，消费也是她最重要的度过时间的方式，她借此获得快乐与平衡。还有孩子的发展——对中产家庭来说，孩子是很重要的投资，也是当下生活的凝固剂，是这个家庭尊严与体面的外现。所以，帮助孩子好好地发展，是母爱的天性，更是全职太太的工作职责所在，她必须靠这个证明自己的工作业绩——当全职成为职业的时候，孩子是母亲最重要的工作内容和工作业绩，她和孩子的关系就像教练与运动员的关系，她和孩子同荣辱，共进退。

　　当然，她可能也有一些个人爱好来表现自己的能力与素养，以体现个人生活的丰富与价值。比如做一些财力承受范围内的慈善活动、当当业余艺术家——拍照、画画、时装设计以及写写小文章。她不指着这些赚钱，她指着这些体现个人的才能，证明自己与社会的结合。所谓"名媛"一词的流行，就是这种生活的规模化体现。不少家境优越的太太，甚至她们的女儿，会以业余爱好者的身份出现在一些进入门槛不太高的艺术行当里，玩玩票，做做秀，成为那个艺术圈子的买家和参与者。在一些时尚派对、演出及活动中，常见这些"名媛"们的身影。她们不是最有才华的创作者，却可能是最有参与热情的购买者。她们与所谓的圈子之间是一种相互捧场的关系，有时，甚至会是一种相互寄生的关系。彼此靠对方获得认可、价值增值与阶层提升。"名媛"画展、"名媛"摄影展、"名媛"个人演唱会、"名媛"签名售书逐渐成为城市生活中一种看起来很风雅的流行现象。她们靠这个为自己增值,有时,甚至为丈夫开展"夫人外交",这既是她们自身的需要,也是她们家庭的需要。所以,观者会感觉得到,在这样的场合里,无论她表现得多么光芒四射、富有魅力,她仍然是一个附属品——某人的太太、某个家庭的代言人,她所有的光芒与魅力皆因身后的倚靠,皆为那个家庭关系的反射。她是"月亮",她看起来亮光四照,但那不是自身的燃烧,而是借了"太阳"的光照。

与中产及更高阶层的太太们不一样的,是另一种全职太太,那就是被迫退出职场的一个群体。有一些个人竞争力较弱、在职场上很难有发展的职业女性,在工作了一段时间后,会感觉自己无法适应职场的激烈竞争,而她为这种竞争所付出的精力与时间成本远远大于她的收益,她花十几个小时奔波在谋生的路上,而她所赚的钱可能连保姆的工资都不够。这种时候,如果有孩子,她自己、她的丈夫和她的家庭出于综合的成本核算,会选择退出职场,全力打理家庭,由她自己承担起保姆的职责,洒扫庭除、蒸煮洗涮,以及照顾孩子。

这种女性因为自身竞争力比较弱,对参与社会竞争存有畏惧感,那么,她就只能将全部的热情与精力体现在家庭中,而这种体现,也只能是以一种小心翼翼的姿态出现。她不太敢花钱,因为自己没有能力赚钱;她不太敢过问丈夫的收入,因为她觉得那是一种僭越,而丈夫也不太会觉得有告诉她的必要；她以丈夫为半神，听命于他，希望靠顺从和乖觉受到他的肯定，得到他的留用。这种单方面的期望并不可靠，完全取决于丈夫的"备胎"能力。当他没有足够能力找到另一个更好的替代者之前，他会怀着隐忍的嫌恶之心留用她，享用她的家庭劳动成果，还视之为他对她的恩赐。一旦他个人竞争力提升，有能力找得到新的替代者时，他会很快就将她弃之不用，而且毫无愧疚之心，因为他认为自己已经养活了她那么多年，够仁至义尽，接下来，到了她回报他的时候了，那就是乖乖地、迅速地、毫无条件地离开，以求得他的原谅。有这样一个案例：一个全职太太跑到微博上哭诉，她当了几年全职太太，现在丈夫要跟她离婚，她才发现房子车子是丈夫婚前买的，丈夫挣的钱她从来不好意思过问，没钱了丈夫就给她一点家用算数，现在这位"极品"丈夫说卡上一共5000元，分她一半叫她滚蛋。她问大家："我应该怎么办？"这个哭诉主帖下有无数的人回："没本事花男人的钱，做什么全职太太？"也有人说这是挑丈夫的问题而不是做不做全职太太的问题。于是，女人们纷纷相互出主意，以求如何挑到一个能够轻易花到他的钱而又不会被他所弃的丈夫。最有代表性的说法是：大部分女性都喜欢花男人的钱，因为自己赚钱花，如同流眼泪一样，滴滴答答又少又慢，而男人的钱，像自来水龙头一样，一拧开，哗啦啦直往下流，又多又快，女人只需拿个桶接住，一桶一桶往自己屋里拎。关键是：一要找得到水笼头，二要想得出拧的办法。女人，一定要练就找笼头和拧笼头的本事。否则，就不要想着有水喝。这其实就回到了问题的最初：全职在家，靠丈夫供养，需要能力，甚至是过人的天赋，一种掌控丈夫的超人本事，否则，婚姻生活很难继续。从丈夫手里讨生活，并不容易，那一地的荆棘所带来的掌控难度，一点儿也不逊于在社会上打拼。可以说，做全职太太，需要额外的才华和天分，如果没有那个天分，拥有全职太太这个身份，一点儿也不比拥有其他身份来得容易。

全职太太，对女人来说，是一种需要拥有额外天赋的职业，而不仅仅是享受。

管理丈夫是妻子永恒的职业

是的，对女性来说，无论在社会上打拼还是在家里做全职，都是一种职业，没到退休的一天，享受就不可能成为生活的主要内容。而比较辛苦的是，无论是身在社会上打拼还是立于家中做全职，管理丈夫都是她们的义务，甚至是她们主要的生活内容。

而女性的本质使她明知这些艰难情况的存在，也仍然像飞蛾扑火一样扑向婚姻，并且，努力地维系、经营婚姻，无论遇到多难的境况、无论这个制度先天地存在着多少不对等，她都乐此不疲，就像那个永不停歇、永远认为自己做得到的推石上山的西西弗斯一样。女性，对婚姻表现出来的绝对乐观主义精神、绝对坚强的精神，好像与她天性中的柔弱是那么不一致。实际上，正是因为有了她在其他方面的柔弱，才会促使她对婚姻是如此地坚强，因为她的存在依赖于婚姻的存在。所以，女性是热衷于经营婚姻的，女性是热衷于抓住丈夫的，女性是热衷于管理丈夫的。这是她永恒的职业。

就像波伏娃在《第二性》里讲的那样："母亲、老朋友和女人都在玩世不恭地教年轻妇女，'捕捉'丈夫的艺术犹如捕蝇纸捕捉苍蝇；这是需要高超技巧的'钓鱼术'或'狩猎术'：'目标不要订得太高，也不可太低；要现实，不要浪漫；要风骚而又不失端庄；别要求得太多，也不可太少'。"而在网上,年轻的女人们还相互继续出主意:要既会冷淡还要热情;既要冷酷又要充满爱意;既不要靠得太近也不要离得太远;既要让他有所顾忌又不能让他反感……这真是一门高超而奥妙无穷的职业训练。是的,"抓住"丈夫是一门艺术,"管理"他则属于一种职业,而且是一种需要相当大的能力才可以胜任的职业。聪明而老练的成年女性对那个手足无措的年轻妻子说:"当心一点,再让他觉得不快,你只怕就要被下岗成为失业女性了。"而这,有多么严重,她很快就会通过自己的痛苦知晓其间的厉害的。

女人百变花样,以求得她的半神的检阅与认可。她忙着学习床上技巧;她忙着学习穿衣打扮;她忙着学习一点足球俚语和时政新闻——以求得和他有共通语言;她忙着提高厨艺;她忙着取悦他的父母、兄弟姐妹、朋友,甚至朋友的妻子,以使他高兴,以使他觉得有面子,以使他觉得可以将她继续留用。

可是,她很快发现,她的性魅力和性别魅力是多么容易贬值甚至失效:到处都是年轻漂亮而陌生的女人——陌生在性关系中是多么容易产生吸引和美感的距离;她的厨艺永远没有专业化的、花样翻新的外面的餐厅好,那里可都是有专业职称的教授级的大师;她鹦鹉学舌地学来的那一点足球和时政新闻,也在他看来是那么浅薄而令人厌烦,而且即使她是个专业的足球教练或是新闻记者,他也不需要她的东西。他和人家说这些是为了在同类或是陌生的异性面前赢得成就感、赢得虚荣心,跟妻子讲有什么用?他根本没有兴趣要取悦她或是得到她的佩服。至于她对他的家庭、父母、兄弟姐妹以至朋友的付出与友爱，在他看来：那难道不是应该的吗？不是天经地义的吗？跟你结婚不就是为了这些吗？

有这样一个例子：一个丈夫因为踢球而小腿骨折，住进医院，在床上躺了三个月，他的妻子进行了尽心尽意地护理，间或要招待前来探视他的亲朋好友，以及打点医院里的医生、护士等等。在精心的治疗与护理下，三个月后他痊愈了。出院的时候，他真诚地感谢了医生和护士、感谢了前来探视的亲朋好友、感谢了他的老板和同事。最后，他对他的妻子说："至于你，就不需要我再说这些感谢了吧？难道我们不是夫妻吗？难道这不是你应该做的吗？"波伏娃在《第二性》里讲过一个类似的案例，一样的情境，一样的表达，令人惊讶。

瞧，这就是婚姻的天然性：所有的付出与牺牲都是应该的。所以，不要抱怨，如果你爱他；所以，不要怀疑，如果你想继续你的职业。注意，我们说过，这是妻子永恒的职业。既然是职业，那么，显然，在付出的时候你也一定是得到了什么，比如：情感的寄托、稳定的性关系、物质上的供养、一定的精神交流，还有，社会身份中的标签——某人的妻子。这些得到与你的付出与牺牲是对称的。如果不对称，显然，你找得到解决之道：想尽办法找到新的对称或者是离婚。

背叛是婚姻的影子

是的,对女性来说,婚姻两个字,好辛苦。

婚姻制度的本质决定了背叛是婚姻的影子,伤害是婚姻的阴面,就像爱是婚姻的阳面一样。中国人都知道,凡事有阳必有阴,这叫对立统一。

有了初次的亲密接触,有了婚姻,有了孩子,一个女人的人生之船就完全起航了。从此后,她将是妻子、母亲、一个家庭的半边天,她将真正面对自己的主妇生涯。可是,做好一个男人的妻子并不是买套房子、生个孩子就可以高枕无忧了,恰恰相反,买房子、生孩子会使她的人生发生重大变化,大到远远超越她此前的想象与设计。其中,最不可预测的就是丈夫的背叛。

就像人们开玩笑地评价男人而做出的半调侃式结论:男人分两种,已经外遇的和等待外遇的两类。这个结论可能是两种人所下:一是有过或是有了婚外恋经历的男人自传式的反应,并且替自己做的辩解;二是受到伤害的妻子痛心疾首时所做的控诉。无论是哪种,我们可以从这个结论里得到的信息是:婚姻是脆弱的,婚外恋是容易发生的,男人是容易受到诱惑或者说是容易"变坏"的。

那么,婚外恋为什么会如此轻易地发生呢?(这将是我整个文章中最重要的部分,因为两性关系在这种时候才会显示出其内在性和深刻性。)解决了这个问题,我们几乎就解决了所有困扰女性的问题。

简单讨论一下男人——这个女人世界的主宰，他们是女人无法回避的话题。

男人，在女人的世界里是以两类截然不同的形象而存在的。第一类，是单纯、聪明、活泼好动、充满探索精神的可爱的男孩子，比如女人的儿子，女人青少年时代的伙伴、大学校园里阳光灿烂的男同学；第二类是狡诈、充满欺骗性、无恶不为、不可信赖的流氓，比如媒体上报道的恶棍、欺骗女人感情的风流艳遇者、常常对年轻女性进行性骚扰的公共交通工具里的猥琐男、阴险而缺少同情心的客户以及那个最终背叛了妻子坚贞爱情的丈夫。

这种变化的产生由男人的内外两种因素共同塑造：即起决定作用的男人的内在性和起辅助作用的外界影响。（本书不做过多分析。只分析一下在两性关系中，男人的改变及其对婚姻、对那个做他妻子的女人的影响。）

说到男人的改变，不得不谈到男人的初恋。中国有句流传甚广的话，说：男儿爱后妇，女子重前夫。人们通常都认为男人善变，女人长情。实际上，在爱情中，男人可能是真正的痴情者，女人反倒是善变的。很多男人，一生中会有一次刻骨铭心的爱情，并且只有一次。有的是初恋，有的是后来无数次情感风潮后突然遇到的真爱。无论如何，男人一辈子真正爱的只有一个人。其他的，都不过是生活中的女人。如果那个人是他的初恋，他终生爱的女人只是她。后来，他结婚的对象也许变了，他会对他的妻子也很好，可是，那不过是出于生活和生物本身的需要：他需要一个女人跟他一起度过时间、一起孕育一个孩子、一起搭帮过日子；有空的时候，一起说说话。所以，他会在各方面进行一下均衡，以标准衡量，找到后，那个人就成了他的妻子。但是，后来，不管他遇人多少，都不会有人替代他心里的那个她。从这个意义上讲，男人既痴情又绝情。痴情的是，他终生都不会改变对最爱的女人的感情。说绝情的是，那个非他所爱的妻子，无论对他多好，永远都不可能替代他心里的她。

而与男人的这种既痴情又绝情的爱情态度相反的是，女人是容易被改变、被打动的，所以，女人是善变的。女人，也许也会有过一次铭心刻骨的爱恋，当时，也可能是痛不欲生。但是，如果后来她遇到了一个对她很好的、各方面条件也不错的丈夫，她会慢慢地忘记前情，会逐渐对她的丈夫生发出新的爱情的。从这个意义上讲，女人是现实的，是无情的，是善变的。

也许，这就是造物主的安排：恰恰是女人的这种现实、无情与善变，使她更有可能对婚姻一腔热情，对家庭充满眷恋。而男人，因了那种痴情与绝情，对婚姻就会少许多的一厢情愿，少许多的全情投入。

关于这个观点，我们可以看两个书本上的案例以资佐证。（这两个案例的主角都不是白领，仅仅是女性，但是，因为婚姻中两性关系的自然性远远大于社会性和时代性，所以，即使这两个例子并不是当代的白领故事，仍然具有深刻的典型性与启发性，对理解今天的白领女性的情感生活不仅不会产生误导，甚至会有更深的含义。）

第一个：是讲男人的痴情与绝情的故事。琼瑶在她的作品《情深深雨濛濛》里塑造了这样一个角色：陆振华。

他是有钱有势的大军阀，性格乖张、暴戾，娶了八个姨太太。他对她们中间的每一个都毫不留情，充满了伤害。既然不爱，为什么又要娶呢？琼瑶意味深长地写出了原因：他娶姨太太，是因为每个姨太太身上都或多或少地有他从前深爱过的那个女人的一点特点：比如四姨太眼睛长得像她，娶回来；五姨太皮肤长得像她，娶回来；三姨太说话声音像她，娶回来。更令人叫绝的是，他给自己的众多姨太太们生的女儿起的名字，都含了一个"萍"字，叫什么依萍、如萍的，因为他爱过的那个女人的名字叫"萍"。你说这个男人到底是痴情还是绝情？

与陆振华先生可以相对照的女人是：慧梅。慧梅在民间戏曲中是一个很常见的角色，各曲种里都有。（关于慧梅的事，我见过的最完整的表述是姚雪垠所著《李自成》一书的描写。）据这书中记载：慧梅原是闯王李自成的正室高夫人的丫头，与闯王的小厮张鼐青梅竹马、两小无猜。闯王和高夫人也有意成全他们，只待那关键性的一役打赢。这一役是什么呢？就是有一个姓袁的地方起义军，在成土匪、投靠闯王和向明朝官军投降三者之间摇摆，就在关键时刻，中国人传统的和亲政策起作用了：袁氏求亲，而当时，闯王的女儿尚小，无法出嫁，于是，闯王和高夫人商议后，将旗下最漂亮、最忠心、最能干的慧梅收为义女，嫁给了袁氏。慧梅心里痛苦万分，但终究拗不过命运，嫁到了袁营。袁氏对慧梅非常好，非常宠爱，对闯王表现得也很忠心。一次次的自我折磨与心理较劲之后，慧梅发现自己怀孕了，这个时候，她慢慢地发现，自己竟然也开始喜欢袁氏了，虽然张鼐依然是她心里不可碰触的痛。然而，命运不济，袁氏终于背叛了闯王，在闯王多次劝导无效后，双方正式开战。一方是视同母家的闯王，一方是腹中孩子的父亲。慧梅心里的痛苦可想而知。最后一次，袁氏去前方与闯王短兵相接，留慧梅在营中留守（可见，袁氏对慧梅的喜爱与信任）。袁氏战败，回来，叫慧梅打开城门迎他回家，慧梅哭着说："官人，请你走吧，城门我是不会为你而开。但是，我身是你袁家的人，死是袁家的鬼，我不会苟活，我会带着腹中孩儿向你袁氏祖上谢罪。"袁氏只好恨恨地落荒而逃，而慧梅将城献给了闯王。闯王派张鼐来迎接慧梅凯旋，见到的，却是肚子高高隆起的慧梅已自刎在她与袁氏的帐中。

　　此处的表述过于简洁，书中对慧梅前后情感的变化表述得非常细腻而动人，将慧梅对袁氏的感情从最初的抗拒到无奈接受直至最后发现怀孕后对丈夫的真心实意的爱情，写得激荡人心。女人就是这样，不管是横刀立马的女将军，还是闺中小女儿，只要涉及感情，都是一样的心意。不管之前有过多少爱恨情仇，她最终还是会爱上那个成了她丈夫、给了她婚姻之实，并且共育娇子的男人。你说，女人到底是痴情还是绝情？

　　也许，您也意识到了：男人对最爱的女人最痴情，对妻子（如果不是他最爱的女人的话）很难像女人对丈夫一样全心投入爱情的。而女人，对丈夫更在意。这就是本书要说的两性关系的第一点：婚姻，对男人来说，只是生活中的一部分，不是全部，并且，很有可能不是最爱的一部分。而婚姻，对女人来说是全部，也极有可能是她心灵中的最爱。双方在全情投入这一点上，已经天然地注定了不平等。

而沿用如上观点推演就可以分析出来，男人在得到基本的婚姻后，即使妻子是他最爱的女人，婚姻也很难成为他的全部。他仍然首先是一个人，一个社会化的人；其次，才是某个具体的、特定的女人的丈夫。而女人，首先是某个具体的、特定的男人的妻子，其次，才是一个社会化的人。就像我们前文说的，女人必须通过与男人结合才能与社会结合，而男人，只须实现他自己就可实现整个人生，包括他的婚姻。

看到这里，您也许会对我提出批驳：可是，有一些勇往直前的青年才俊，在追求初恋时，即便遇到挫折也百折不回，最终抱得美人归。然而用不了多久，爱变得苍白、没有了激情。难道说追到了就不香了吗？究竟是什么导致红玫瑰变成了蚊子血？

问得好，这就涉及到了本书要说的第二点：成长需要积累，初恋不一定是最爱。

也有的男人在千辛万苦地追到了初恋之后，在初期的一段如胶似漆之后，同样变得对家庭冷淡，对妻子不温不火。这又是为什么？我想说的是，除了通常所言的审美疲劳（实际上，审美疲劳也是需要时间的，虽然每对男女中这个疲劳期到来的时间各个不一，但它无疑是确实会来到的），还有一个几乎被忽略的原因是：初恋可能不是最爱，他最先遇到的女人并不是他心里真正期望的那个她。

有这样一个故事：说人在造物主那里被降命投胎于人世的时候，是四手四脚双脑的，是半阴半阳的，在投胎的那一瞬间，被造物主劈成了两半。所以，人来到世上，最急切、最重要的使命之一就是找到属于自己的那一半。这在十九、二十世纪西方著名心理学家荣格的作品里、在各种版本的神话里都有迹可寻。所以,每一个人在遇到爱情的时候,总会不停地问:"他(她)是吗?他(她)是我想找的那一半吗?"幸运的人,初恋的时候找到了他(她)的那一半。而绝大多数的人,不幸找到的都是别人的那一半。所以,有龃龉、有迟疑、有痛苦、有终生无法明言的郁郁寡欢。所谓的磨合一语,说的是多么准确啊:你找到的不是生生契合的那一半,当然要磨,当然要合。这是大的天命。而在中国的白领里,这种磨合更是因为经济发展的原因、因为传统的原因,而显得悲剧意味十足。中国的大多数中小城市,年轻学子大学毕业后,找到一个工作,在进入基本的人生轨道之后,就开始考虑结婚生子。虽然也有谈恋爱,但目标很明确:是为了结婚生子,而不是爱情本身。再加上传统道德的力量,大多数人在匆匆忙忙中,与第一个相遇或者是有了肌肤之亲的人就结婚了。根本没有时间、没有能力、没有机会去寻找生命中真正的至爱。在一些经济不发达的非中心城市,很多人大学毕业后一两年就结婚生子,谈恋爱、找寻生命中的另一半的时间与机会是如此少,很多人根本没来得及找寻,就走进了婚姻。婚后,才发现,他(她)不是自己的那一半,不是自己的最爱。于是,寻找的心从没停止。这样的婚姻,怎么可能不动荡?怎么可能不充满危机?

(是的,我知道,即使我写到这里,您仍然还要问:如果成就了婚恋、如果找到了最爱,为什么婚姻中仍然会有审美疲劳?为什么还会有伤痛?这就涉及更多的、后面要讲到的问题，比如：婆媳关系的影响、比如家庭巨变、比如一方经济能力与社会阶层的迅速改变等等。在本节，我先仅就双方的爱情做一些逻辑关系方面的解释。其他的内容，将会在后面的章节谈到。）

第三点：夫妻双方在各自心里的第一定义及他（她）本来应当就是的第一定义。

在这个问题开始之前，我们先来讨论一下：由男人和女人，或者说夫妻双方共同组成的家对各自意味着什么？对男人来说，家是港湾，是人生自我实现的结果；而家对女人来说，是生活的主要内容，是实现人生的初发点。男人在征服了世界之后到家里休憩，女人却通过征服家庭来征服世界。家是男人休整的地方，家却是女人的王国。一句话，家是男人宇宙的起点，家却是女人宇宙的中心。所以，男人，对家，是出入自由，他既可轻松地进入，也可随意地离开；女人，却为她自己亲手建立的王国所束缚，她几乎无法挣脱她自建的这个曾经以为只代表幸福的"枷"。

因此，夫妻双方对对方的定义是不平等的。妻子对丈夫的定义是单一的，即：他是我的丈夫。所以，她对他所有的期望与要求都与丈夫这个角色相关；而丈夫对妻子的要求与期望是双重的，他既要求她是妻子，还要求她是一个女人。

到这里，我们就很容易解释为什么男人很容易婚外恋了——即使他的妻子是他的初恋，并且是他的最爱的时候，他仍然很轻易地就能受到诱惑，就能向外发展，为什么？因为，他的双重要求很难在同一个女人身上得到体现：首先是女人——这个女人是指一般意义上的女人：聪明、漂亮、有魅力、时时让人觉得充满新鲜感，并且时代或者社会流行什么，她的身上就能体现什么。另外，他还要求她又是妻子——妻子的含义是贤良淑德，给他提供整洁的床单、可口的饭菜、孝敬他的父母家人、养育他的孩子。这对一个女人来说太困难了。很少女人拥有这么卓越的能力既能满足丈夫的一般性要求，又满足丈夫的特殊要求。而男人自己却只需要实现丈夫这一单一价值就可以。也就是说，他只需要作为家庭的一极，负责任、提供经济支持、提供一定的精神供养就完成了他的角色定位。而对妻子的角色要求却极为多重。显然，仍任一个女人都很难完全胜任和满足这么多的角色要求。然后，他便觉得她不够好，不够完美。所以，他要向外寻找，寻找她身上欠缺的、能够满足他额外要求的女人。

是的，身为女人的你，会觉得悲哀：他总是双重地要求妻子，又只单向地满足妻子。只是，亲爱的你，真正令你苦恼的还不止于此，他对他自己的定义也是双重的：他首先是一个男人，其次才是妻子的丈夫；而妻子，对自己的定义则是：自己首先是丈夫的妻子，其次才是一个女人。

所以，男人在自我实现方面，首先满足的是他自己作为社会人、作为男人的定义，其次，才会满足妻子要求的丈夫这一定义；而妻子恰恰相反，她在人生实现方面，首先满足的是妻子这一定义，然后才是女人的定义。

所以，男人容易出轨，因为他的要求是双重的；而作为他配偶的女人，充其量只能满足一重要求，男人注定要在外面寻找那不被满足的一重要求。而女人，却很容易被身有双重性的丈夫满足，因为她的要求不多，她只要一重。

当她在他身上得到作为丈夫的一重要求的满足时，他富足的、多出来的作为男人的那一重价值就必然会被另外的需求者（也就是婚外恋的第三方）所需要，他在第三方女人的眼里就成了可爱的、充满魅力的男人。他的富足作为客观存在，真实地在他身上存在着，只是看有没有机会被第三方所需要。

是的，就是这样。所以，男人容易婚外恋，女人容易受伤害。

所以，背叛成了婚姻的影子。只要有婚姻存在，男女的要求就不对等，就注定会有婚外恋。这是婚姻的天然性注定的。所以，男人外遇是必然，不外遇才是偶然。这是婚姻制度下，男女双方对对方角色要求的多寡性不对等所注定的。（写到这里，即使身为女人的我充满悲哀感，我仍然不能不艰难地写出真相。）

尤其让我感到悲哀的是，下一个非常令人深思的结论，那就是：越是从丈夫身上得到性满足的女人，越是容易原谅丈夫的婚外性行为。反倒是那些从丈夫身上很少或是从未得到过性满足的女人，几乎不会从内心深处真正原谅丈夫的背叛。这样的女人即使迫于经济、舆论或是来自孩子等各方面的原因而维持婚姻，她的心灵也会将最深情、最高贵的一扇门永远地向丈夫关闭。至此，我们可以暂时离开婚外恋问题，讨论一下女性的社会化问题。在最开始，我们讨论过，女人在社会存在中是客体，男人是主体。女人是通过婚姻来实现自己与社会的结合，她通过实现婚姻来实现自己,而男人是通过自我的实现来完成婚姻。这个客体性决定,即使在丈夫发生了婚外恋之后,做要不要原谅的选择时,她也是反射式的反应:她从他身上得到的满足程度决定她的选择的正负方向。回到最初的结论:如波伏娃所说,"女性的存在是一种客体性存在,只要她不改变自己客体性的存在,她整个的命运就完全掌握在那个作为她的'监护人'的男人身上。"

婆媳是"天敌"?

有了前面所说的种种事件与挑战,女人的生活便呈现出如此的艰难的局面:丈夫是如此容易将他的重心向外面转移,他是如此地容易喜欢上外面的女人,并且容易被外面的女人所喜欢。作为妻子的女人,是多么容易受到外面的女人的伤害。

可是,如果仅仅是受到外面的女人的伤害,只要稳固了自己的大后方,女人好像还是有希望的。让妻子悲哀的是,她的后方也并不是那么稳如泰山,在后方,她仍然困境重重。对内,她仍然不能说是安之若素。因为,从某种意义上讲,家也并不完全属于她。如果这个家里还有另外一个女人——婆婆存在的话。

是的,婆媳关系,是中国的千古难题。想来,有了婚姻,就有了婆媳关系。婚姻有多长久,婆媳关系就有多长久。婆媳关系,不仅仅是女人和女人的关系问题,同时,也更深刻地反映着两性关系问题。因为婆媳关系的症结点仍然是男性——婆婆的儿子和媳妇的丈夫。由于婚姻被注定是女人的归宿,每一个女人都视她自己的家为自己的王国,她才是这个小王国的王后。可是,如果有"太后"在的话,这个"王后"当得可就没那么舒心。双方矛盾的焦点在于:谁是这个小小王国真正的"第一夫人"?

从婆婆的角度讲,媳妇是侵入自己家庭的陌生人。

自己原本平衡的、单纯的家庭结构因为这个陌生的"入侵者"而失去了原先的平衡，媳妇是儿子强加给母亲的姻亲，她必须接受这个虽然早就有准备、却仍然让她感到被侵犯的陌生人。看在儿子的份上，她必须接受媳妇进入自己的家庭，她必须跟媳妇共同生活，最让她难以忍受的是，她必须接受媳妇成为儿子生命中最重要的女人的现实，她必须接受自己被替代的命运。每一代女人都视家庭为最重要的拥有，婆婆做了一辈子的女人，生命中最大的成就是她的家庭，很有可能，最大的骄傲与寄托是儿子。现在，这个宝贝至爱突然间与另一个女人结成了亲密关系，这让她感到被冒犯、被忽略、被遗弃，她会有严重的失落与不平。于是，她会本能地升起自卫与防范之心，她会抱着忍耐心与委屈感来面对媳妇。

　　而媳妇，会对婆婆有好奇与不易觉察的嫉妒。婆婆比媳妇更早拥有那个男人，婆婆与儿子的血缘亲情是媳妇终生都不能达成的至亲关系，婆婆远比媳妇更了解儿子。所以，作为媳妇的她，对婆婆难免有好奇心：她跟丈夫感情好吗？好到什么程度？超过自己和丈夫的亲密程度吗？丈夫会像维护婆婆一样维护自己吗？在自己和婆婆面临同样的困境时，丈夫会更优先向谁伸手？婆婆会接受自己吗？婆婆会像对待儿子一样对待自己吗？婆婆会视自己为家人吗？媳妇怀着惴惴不安的心靠近婆婆，走向一个她无法把握也无法预测的未来。

　　如果婆婆和儿子关系非常亲厚，儿子对母亲怀有很深的体谅与怜惜之情，并且，媳妇本身与儿子的关系不是非常抗击打，那么，媳妇的日子不太可能好过。无论媳妇和婆婆相处的时候，有什么样的问题出现，儿子会本能地偏向母亲，因为他对母亲怀有无法言说的愧疚之心——他觉得自己与另一个女人建立亲密关系本身就是对母亲的一种伤害，他希望补偿母亲的受伤感。实际上，无论自己怎么做，他都觉得无法弥补母亲。当他逐渐意识到这一点后，他从最初的愧疚就会变成迁怒，他迁怒于妻子，觉得是妻子造成了自己对母亲的伤害。所以，无论是非曲直，只要妻子和母亲之间发生矛盾，他都会毫无理由地认为是妻子的错。

如果儿子和母亲的关系不是那么亲厚，他就会在妻子身上投射对母亲的要求，那么，如果妻子与母亲发生矛盾，他会根本不问是非对错，而是本能地升起厌恶感。他觉得那个应当承担母亲之责的人从来没有善待过自己，而是总在给自己添麻烦，现在，她的矛盾——这个"她"在他心里是混乱的，既指向妻子也指向母亲，又引起他的不快，他除了厌恶并不想帮助她，甚至，他看到她的困境会有一种自己都不能觉察的快感。他实际上是在补偿童年的自己。他用媳妇和婆婆的矛盾补偿因童年不曾建立母子亲厚之情而产生的受伤情绪，只是用了一种移形换影之法。

那么，无论儿子与母亲的关系如何，在婆媳矛盾中，妻子都不太可能得到来自丈夫的理解与支持。所以，在婆媳矛盾中，剔除经济、年龄、社会地位等等外在的社会关系，在最天然的情感层面，媳妇是弱者，是被动的一方，是比较多地承担了不公与委屈的一方。

好了，有人要说了：难道世上就没有亲如母女的、好的婆媳关系吗？当然有。诚如"亲如母女的婆媳关系"一语所说，好的婆媳关系其实不是真正原初意义上的婆媳关系，而是一种母女关系。也就是说，婆媳双方都剔掉了那个男人赋予的义务，彼此相待的情感不是建立在当中间人的那个男人身上，而是各自以独立、平等的关系相待，中间没有任何介质，只以她们自己而发生，就像母女一样。她们各自是两个女人，她们之间只以女人存在，与那个男人无关。那么，她们之间会建立友好的甚至是亲密的犹如母女般的关系。

实际上，网络上这样的实例随处可见。不少做妻子的女性在网上发帖求解：丈夫出差的时候，我和婆婆相处愉快，彼此照顾，彼此维护，为什么丈夫一回家，我们就出现矛盾？而当丈夫再次离开，我们又再次和好。好像丈夫是破坏者一样，实际上，他拼命在黏合，而他的黏合不但不起作用，反倒使我们双方的关系变糟糕。

这种例子恰恰说明：男人在婆媳关系中不但起不到黏合的作用，他的存在，本身就起破坏作用。两个女人，彼此以独立的身份出现的时候，她们是可以友爱相处的。只要这种关系有了利益指向——那个儿子即丈夫的亲密情感，她们就会变成竞争者，就会出现矛盾。所以，好的婆媳关系一定是超越姻亲关系的，是独立的两个平等的女人的友善相处。

手足骨肉情

是的，姻亲关系对女人来说是一种强加的义务，她很难通过姻亲关系体现出自己的美好品质。纵然她再通情达理、再与人为善，在姻亲关系中，她都很难做到有口皆碑。这与她个人的品性无关，与姻亲复杂的社会属性相关。婆媳关系是这样，手足之情也同样如此。当代白领的手足之情更是复杂多变。

1979年11月，中国外企人力资源服务公司成立，这个时间，大致可以看作是中国内地白领出现的起始点。那么，从那个时候算起，到今天，中国内地的白领女性至少存在已有三十多年了。如果以互联网大规模商业化的2000年为界限，之前中国社会的代际划分是十年一代，之后是五年一代的话，那么，中国内地的白领女性至少有4代人了。她们当中除了新晋入的80后，前几代都是多子女家庭出身，大多都有兄弟姐妹。手足骨肉情是她们人生中重要的一部分内容，特别是这种亲情与婚姻、与中国城市化相混杂而存在的时候，手足骨肉情对白领女性的人生，有重要的影响。

第一代白领的价值观建构，基本上是以西方生活方式为模板的，所以，她们对兄弟姐妹手足情的看待也与西方的价值取向比较一致。她们认为，兄弟姐妹是父母的赐予，是童年时的玩伴，甚至是家庭资源的竞争者。彼此间合则聚，不合则各走各的路，彼此间并没有人生义务。所以，早期的白领们在自己的生活改善后，对兄弟姐妹并不太愿意给予过多的照应，相互间的关系还是比较淡泊的。

随着中国经济的发展，白领队伍的壮大，这个群体的价值观不再仅以西方马首是瞻，而是加入更多的中国色彩，包括传统的中国的兄弟姐妹手足之情的浸润。再加上社会经济整体的发展，使得家庭内部，兄弟姐妹间并不仅仅是资源竞争者的关系，而是更多体现出友善、友爱的一面。而就业机会的增多、经济收入的增长，也去掉了"怕对方托累自己"的心理，兄弟姐妹间逐渐表示出更多的交互与走动。

而随着计划生育政策的实施，80后的白领们已经很少一母同胞的兄弟姐妹了，他们多是独生子女，童年就已经独享了家庭所有的宠爱，兄弟姐妹间的竞争关系根本没有机会见识与尝试。长期的孤单，使得他们对亲情的渴望远远大过对托累与竞争的恐惧。但是，对他们来说，所谓兄弟姐妹更多是表兄弟姐妹、堂兄弟姐妹，情感上高度认可，实际利益选择中相对弱化一些。所以，这一代白领丽人对亲情的感受与友谊差不多，可以一起玩耍，可以相互交流情感，但不太可能利益共生、资源共享。这种"淡交往"的模式成为他们处理生活中所有复杂关系的基调。所以，一旦遇上丈夫来自多子女家庭，并且和兄弟姐妹关系亲厚，给予兄弟姐妹更多实际利益帮助的时候，身为独生子女的白领妻子是很难接受的。她觉得这一切匪夷所思，超出她的想象。家庭矛盾就会以前所未有的尖锐性呈现在眼前。这也是当前大城市中年轻一代白领中离婚率高居不下的一个主要诱因。

"凤凰男"的说法从褒义变为贬义，就是从这一代白领女性开始的。她们无法像以前的女性那样，以夫家的利益为第一利益，牺牲自己的利益成全丈夫及其家庭。如果说赡养父母尚能被她们理解为义务，救助兄弟姐妹则被她们视为家庭关系中的"苛捐杂税"，她们没有意愿为此付出更多财力与时间。夫妻关系因此而大受影响，她个人的家庭生活、婚姻生活也会受到负面的改变。

有社会学者认为，兄弟姐妹关系的缺失，将会使未来的中国城市家庭的孩子不知道什么叫"叔、伯、姨、姑、舅"，他们缺少与近亲的人交往的经历，从而削弱了与他人建立亲密关系的能力，这对他们个体一生的幸福产生不良影响。从新晋的白领女性的家庭生活来看，此言不缪。将来，会怎样调整，尚需观察。

女人间的友谊

女人间会有友谊吗?我查阅了一下讲友谊的文字:

伯牙摔琴谢知音。讲的是男人间的友谊。

桃园三结义,刘关张生死与共。讲的是男人间的友谊。

桃花潭水深千尺,不及汪仑送我情。讲的是男人间的友谊。

相看两不厌,唯有敬亭山。讲的是男人间的友谊。

狐朋狗友。讲的是男人间的友谊。

君子之交淡如水,小人之交甜如蜜。讲的是男人间的友谊。

几乎没有一本书、一个作者明确地提到女人间的友谊,更别提赞美女人间的友谊。

为什么?

首先,史书——不管是文学史还是哲学史,几乎都是男人写的,男人拥有写史的话语权,这些男人,没有兴趣、也没有能力关心女人的友谊。

其次,友谊是社会化的产物,只有与社会、与他人发生关系,才能谈及友谊。而过往的很多年以来,女人只在厨房里、在床上、在田里出现,她没有与血亲和姻亲之外的他人接触的必要与可能,这使她根本就没有产生友谊的机会。她或许有姐妹、妯娌、姑嫂、婆婆、母亲、婢女或女主人、媳妇与女儿,她唯独不可能有朋友。因为她没有社会化,她的社会化是与丈夫联结在一起的,她以丈夫为社会化的中介,她没有产生友谊的需求与途径。所以,过往的女人几乎是没有女人间的友谊的。

女人间的友谊是与女人的社会化相联系的。时代进步到了今天,女性随着走出家庭、走向外面的全面社会化,她才逐渐有了形成友谊的可能。互联网的出现,更使整个世界变成了地球村,这给了女人产生友谊的必要条件与心理需求。而对白领女性来讲,经济上的独立、个人生活空间的扩大、生活方式的多样化,使友谊成了她生活中重要的、不可或缺的内容。女人间的友谊也因此才得以成为我们讨论的一个话题。

也许,更是有了以上所说的理由,所以,友谊在女性而言,不过才是几十年至多不过百年的历史,所以,友谊在女性这里还是处于成长的雏形,虽然在男人那里友谊早就有了许许多多的千古佳话或是奇闻轶谈。

友谊,对女人们而言,是一个新生事物,她们面对它,还显得有些笨拙、有些慌乱、有些不知所措。我们可以以两个女人为例,来解剖一下女人间的友谊。

小女孩的时候,她们相互间是互为表里的,像小男孩儿之间一样,所以,不须过多讨论。

到了青春期,她们有了秘密,这个时候,女朋友是日记,是镜子,她们彼此通过对方来发现自己、体味自己,这个时候,她们彼此间会有深深的依恋。实际上,这个时候,友谊对她们而言,不过是反观的自己而已。

到了恋爱季节,随着自身的成熟和与男友的结合,她们会有意无意地疏远往昔的女朋友,她们会迅速地减少相互间的依恋，转而把最炽热的情感投向异性。这个阶段，几乎很少有女人间会有真正意义上的友谊。她们这个时候是不需要友谊的，或者说是无暇关注和培养友谊的。即使相互间偶有联系，攀比和敷衍也远远多过友情本身。这种情况会持续很长时间，基本上会持续到第一次感到男友（或者是丈夫）的不完美，感到需要和男友（或者是丈夫）做心理上的"断乳"，需要重新思考自己与他人的关系的时候，她才会第一次强烈地渴望女朋友、渴望女人间的友谊。可以说，直到这个时候，女人间才有了产生友谊的基础。而这个阶段，基本上是在女人26、27岁，甚至更晚的时候才发生的。

到了这个时候，女人们会认真地对待自己的友谊。她们会认真地寻找与自己价值观、道德观一致、成长背景相近、生活趣味相投的同性做朋友。这时，她们对友谊的认知与态度都是明确的，即心意相投、相互支持、求同存异等等，就像男人间的友谊那样。

不过，女人间的友谊虽然在某些方面与男人间的友谊相近，但是，还是具有很多有趣的性别特征。比如，男人间的友谊有不少是暗合着同荣辱、共生死的道义的因素，就像我们常见的载于书籍的"不求同年同月同日生，但求同年同月同日死"等等，史上的友谊佳话也多以这种生死共、悲欢同的道义为友谊的最高境界来记载的。而女人间的友谊几乎是不可能达到这种感觉的，女人们之间是不会共进退、同生死的，这种性命相搏的感情在女人的友谊中显得过于沉重（又或者说，女人更愿意与男人，准确地说爱人、丈夫共进退、同生死），女人间的友谊是缠绵的、甜蜜的，是共欢乐、同悲伤的。也就是说，她们的友谊是纯感情层面的，而不是道义层面的。有友谊的女人们彼此交换一些小秘密，相互体味一些小感觉，一起喝喝茶、赏赏花，把玩一下风月、嘲弄一下生活，感情得到了抒发，友谊就得到了归属。所以，在道义的层面要求女人间的友谊，可以说是南辕北辙，因为女人间的友谊不承载道义，只承载感情。

所以，有男人说女人间是没有友谊的，那其实上是从道义的角度来要求的。

实际上，女人间是有友谊的，只不过，这种友谊有很多女性化的特征而已。

近年来很流行的"闺蜜"一词颇能说明女性友谊的这种特性。闺，即是"闺中"；蜜，有"甜蜜"的意味。凑在一起，即是闺中密友。但是，为什么不是闺"密"而是闺"蜜"呢？一字之差恰恰说明女性友谊的特点：即甜蜜，温润，充满浓浓的情丝，缠绵的爱意。"闺蜜"比"闺密"听起来更有春日午后的阳光照在心底的别样的舒适，更多情感，更少道义。可见，闺蜜，就是以生活琐事为主要交流内容，能够相互之间诉说衷肠的女性朋友，彼此之间相互依赖、相互安慰。闺蜜的主要功能是情感交流，而不是生死与共，也不是携手做事。

当两个女人彼此以闺蜜定义对方的时候，那么，她们可以一起逛街，一起购物，一起交流交男朋友的心得。但是，她们一定不会一起以闺蜜的身份创业，一旦到了创业的阶段，那么，她们必须彼此去掉闺蜜的外衣，转而以合作伙伴的标准身份出现。

当她们一旦以社会化的身份出现的时候,她们就会去掉那些女性特有的因子,成为真正的职业人。那个时候,除了自然赋予的女性生理特征以外,在心理上、在处事方法上、在逻辑上,她们与男人并无差异。她们会告诉你,职场上只有上司与下属,没有死党与闺蜜;竞争中只有赢家和输家,没有朋友和闺蜜。这与男人有什么区别?建立在这种无区别之上的社会关系,就是传统的、标准的社会关系,已经没有多少女性特质,自然不必在本书中多加讨论。

单亲妈妈，拒绝悲情

一直以来，我都在认真地思考一个问题：那就是为什么绝大多数女人宁肯在婚姻中忍受丈夫的背叛、婆媳烦恼、第三者的骚扰，也绝不肯离婚？答案可能多种多样，但是，把各种表面的理由逐一进行分析、合并同类项，就会发现，基本的理由有两个：第一是对曾经的幸福的眷恋，希望用时间和忍耐重新获得往日的和美；二是对单亲妈妈生活的恐惧。

对于持第一种理由的女性，应当给予理解，对她对生活的渴望也应当加以鼓励。但是，对于持第二种理由的人，则需认真加以分析。

不幸的婚姻生活在给予女人伤害的同时，还会磨去女人的自信，同时，也磨去女人的自尊。使她对丈夫以外的世界抱有恐惧心理，害怕离开丈夫、离开婚姻的保护后过不了日子，无法维持生活。所以，宁肯像鸵鸟一样把头深深地埋在婚姻里，觉得与其受整个未知世界的威胁不如受一个男人的伤害。

现在的年轻人都主张婚姻应当是爱情的结果，一种双方合作生活的良好机制，而不是无能、懒惰之人的保护伞。新观念认为，谁赋予婚姻爱情以外的过多的内容，谁的婚姻就注定无法承受托负之重，难免坍塌。实际上，婚姻中仅有爱情是不够的，那需要更多的内容。比如，女人的主体感，女人的竞争力，当然，还要有男人的善良与责任感。缺了任何一点，婚姻都很难维系。仅仅靠当鸵鸟、靠忍耐是维持不了一个婚姻的。

实际上，不难看到，不管女人多么不愿意离婚，多么渴望婚姻的保护，离婚已经成为越来越多的婚姻的归宿，越来越多的女人被迫或是自愿地成为了单亲妈妈。

所以，有必要粗浅地梳理一下单亲妈妈的生活。

（为了写这一节，我到新浪网、摇篮网、天涯网等等女性网友较为集中的网站的单亲论坛呆了很久，阅读了大量的、至少1000个左右的单亲妈妈写的帖子，深深地感受了单亲妈妈的内心世界和她们的生活。）

总的来讲，离异后，绝对多数的单亲妈妈的生活质量会下降，首当其冲的是经济条件今不如昨，会失去房子、存款减少、家庭可用日常收入骤减、支出增加（比如租房、还贷款等等），这会直接地影响单亲妈妈的生活质量。

其次，社会地位下降或者社会角色中原有的光荣感被剥夺。对于那些妻以夫贵的女性来说，离婚前后在社会生存中会有明显的今不如昨的感觉。她再也体会不到因为"某太太"而带来的某种享受：顶级楼盘、豪华车、一流会所、体面的家庭交际圈等等，一切都发生了改变，而且是向"坏"的方向的改变，这会使她产生低入尘埃的感觉。

第三，就是情感上的孤单感。那些习惯了两个人一起体验的生活细节，比如某一支都喜欢的流行歌、某一个都讨厌的影视明星、某一个共同朋友的怪癖等等，再也没有人一起分享，再也不能一起说那些无用却必需的废话，做那些做了无益不做却不行的重复行为。

一句话,过往的生活被改变,而面对改变感到不安,是哺乳动物的本能。

在这种情况下,如何面对单亲妈妈生活,不同的女人会有不同的选择。

第一类:会把最惨烈的生活过得风生水起。她也许因为婚姻的结束而失去了很多,但是,同时,她会深刻地意识到自己得到了很多:安静的、祥和的家庭生活;自己做主的权利不被干涉;不用再被万一离婚后怎么办的忧虑所困扰。这时候,她会感到,自己能够掌握自己的命运。能够主宰自己的命运,这会带给她强烈的成就感和满足感。这种女性,会慢慢地体会到单亲生活的优点,尽量淡化单亲生活的不利,好好地建设自己的生活,会做一个精彩的单亲妈妈。而这种健康的单亲生活态度,会使她安享自己的生活,会使她产生发自内心的快乐与喜悦,从而产生吸引力。一个有吸引力的女人总是会得到更多异性的注意,这使她有可能获得新的感情与伴侣。即使无法再次走向婚姻,她依然可以拥有良好的感情生活,从而让自己保持优质的生活状态。

第二类:会有强烈的失败感,把生活过得很糟糕。她埋怨命运的不公、幻想重温往昔的好时光,觉得无力面对今后的生活。她整天陷入自己的痛苦中,不理会工作、父母、孩子的感觉,沉浸于自己的悲情世界,没完没了地同情自己、可怜自己,她把所有的时间用来谴责前夫、命运和他人,她把所有的心力用来哀怜自己,离婚后的生活在她看来就是人间地狱。实际上,因为这样的心态和生活方式，她的生活也的确是人间地狱。悲情心态使她看不到自己以外的整个世界，看不到任何新生活的可能，也无法与世界保持正常的互动，这使她越来越内化、越来越边缘化，越来越没有吸引力。而这一点，成为她得到新的幸福的最大障碍。除了往昔的生活带来的痛苦，她几乎一无所有。她甚至再也不会得到新的感情与伴侣。一场离婚，完全地摧毁了她。生活，成了她的地狱。

当然，也有介于两者之间，时而坚强、时而脆弱；时而觉得单亲生活也是不错的选择，时而会产生强烈的不安感的单亲妈妈。随着时日的增加，如果被坚强的一面所激励，就会成为第一类的单亲妈妈，如果被软弱所控制，则最终会滑向第二类，将自己推入自怜自怨的泥淖。

单亲妈妈因为对自己的态度之不同，从而对别人、特别是对前夫和孩子的态度也各有差异。

第一类型的妈妈或许也会对前夫有深深的怨恨，但是会适当控制自己，既不想自己被过往的负面情绪所困扰，更不愿意因为自己而影响到孩子。这一类型的妈妈，基本上在离异初期都会抱着与前夫"夫妻不成情谊在"的态度，希望前夫能对孩子有所关爱，也尽量会保证前夫对孩子的探视要求。那个男人在经过了初期的怨恨与得意后，在经历了新生活的洗礼之后，会慢慢被她感动，会接受她的影响，产生较为积极的反应，对孩子尽一些责任。即使不，她自己的良好状态尽量会将父母离婚对孩子的伤害降到最低。有一句话说：能够赢得一个女孩的芳心，那是一门艺术，能够和女孩子好聚好散，却是大师杰作。同样，吸引一个男人只需要美丽就可以，而和一个男人好合好散却只有智慧女人才做得到。一个女人的智慧，在离婚后对前夫的态度上最能体现。而这种智慧首先带来益处的是她自己——如果她视孩子为自己的一部分的话。

而那种始终不能接受离婚现实、恨己恨人的单亲妈妈，对前夫和孩子都很难产生积极的影响。她希望前夫良心发现，再次回头，重续前缘；她希望孩子能充当纽带，帮助她重回前夫的怀抱。一旦这种幻想破灭，她会产生深深的幻灭感，也会对别人产生憎恨感。她首先憎恨的人就是前夫，她想要报复他，她希望他像她自己一样难受，而她唯有的凭借不过是孩子。如果前夫不来探视孩子、不提供孩子的费用，她会一而再、再而三地提出要求，甚至不惜有过激手段。她觉得自己是在替孩子争取权益，其实，她往往是在替自己"复仇"。只是，她难以发现自己隐藏在心底最深处的秘密。而如果前夫常常来探视、积极提供费用，她又会嫌他干扰了孩子的正常生活，她会武断地进行拒绝或者挑剔。总之，她不愿意配合他，她尽力想找点儿麻烦给他，希望他的日子像自己一样不好过。而她对孩子，也是怜悯与厌恶同在。她觉得孩子身上有令她憎恨的那个男人的因子，孩子总会在不经意间勾起她对那个男人的想念。所以，她既怜悯孩子，又有一些她不愿意承认的厌恶。而她对孩子的怜惜，其实更多是对自己的怜惜。她怜惜孩子的被遗弃、被拒绝，其实是在怜惜自己。她怪责孩子没有留住和吸引爸爸，其实是在怪责自己。总之，她既不原谅那个男人，她也不原谅自己。甚至，在内心最深处，她对整个生活、对所有的人都怀有无法言明的憎恨和敌视。除非她有新的感情或婚姻，否则她很难解脱自己。

再婚：世界上最复杂的人际关系

有单亲，就有再婚。实际上，大多数单亲的人都希望有机会再婚，只是，这种可能性通常来说不算大。

随着女性经济上的独立，社会地位的提升，结婚不再是女性唯一的人生指向。离婚后的再婚就更是少见了。这通常有两个原因导致：首先是经济原因。再婚之际，双方已各有资产，如何保证自己的资产不被新婚姻关系侵害，是再婚人士考虑最多的一个问题。经过了上一次身心俱疲的离婚大战，再婚的人非常清楚财产关系在婚姻关系中的重要意义，很少有人有信心在下一段婚姻中自己的权益会不受损害。想着千辛万苦分来的一点财产有可能在新的婚姻中受损，很少有人敢轻易迈出再婚的一步。

而心理上的原因更是复杂而深刻。经过了上一段失败婚姻的挫折，离异人士大多对婚姻抱着不太肯定的态度，并且经过离异后一段时期的单身生活，不少人士习惯独立生活，并不热衷再次迈进婚姻之门。而再婚后更多的姻亲关系也很难处理，会使有再婚之心的女人面对婚姻时产生犹豫。实际上，再婚后的家庭关系也确实是非常复杂的，这需要特别高超的处理才能。对女性而言，她要像所有初婚的人一样面对丈夫、婆婆公公、大姑子、小姑子、妯娌、大伯小叔等等人际关系。除此之外，她还要面对丈夫与前妻生的孩子（如果有的话），孩子的亲生母亲即丈夫的前妻，自己的前夫，自己与前夫生的孩子，等等。所有这些关系都是世界上最微妙、最无规则的关系。如何处理，全靠她的个人智慧，这对任何女性来说都是巨大的考验。所以，很多人会选择只同居不结婚的相处方式，即只享受两个人之间单纯的感情关系，不承担、不嫁接更多的真实的生活负担。但是，这种只同居不结婚的关系一方面简单、实用，没有过多的负累；另一方面，也正是因为简单，没有更多的束缚而很不稳固，会轻易就受到挑战，甚至解体。

当然，害怕孤单到老是许许多多再婚人士做出选择的主要理由。特别是随着年纪增加，尤其是退休后，当社会生活大量减少，人必须面对如何消磨大量的自由时间的困扰时，找另一个人来陪伴几乎是最好的选择。这种时候，再婚就成了上选。所以，再婚，通常会发生在双方子女都已长大、彼此没有太多经济负担和社会负担、年纪较为长的白领中间。而三四十岁，上有老、下有小的白领离异女性，很少能得到再次婚配的机会。

再婚，对正当盛年的离异白领女性来说，是一条有希望没保障的路，是一弯看得到却摸不到的彩虹。她们很难通过这座彩虹桥，跨越悲伤，通向幸福。

白领的黄昏

从1979年开始，诞生在外企中的第一批白领，现在已进入退休年龄，稍后的一代也即将进入这个阶段。从职业生涯的角度看，已经完成了整个存在周期，可以进行较为完整的总结与回顾。

第一代白领中，真正在工作单位完成退休离职手续的并不多，能够坚持到法定退休年龄的也较为少见。女性中，在工作单位全身而退、领取退休金、安享晚年生活的更是凤毛麟角。她们的结局另有安排。基本上，也可以分为三类：

第一类，创业，自己做老板。这一类白领女性在外企挣了第一桶金，积累了一些人脉，掌握了一些管理方法，开阔了视野，并且发现了机会，就会从所服务的机构退出，转而创业，自己当老板。对大多数白领来说，这是最好的人生走向。不但早期的白领这样，以后的跟进者也多以此为职场最优的退路。挣够了钱、积累了资源，做一家自己的小公司或者小店，是多数在职人员的梦想。但是，这个梦想实施起来并不容易。中小企业的创业成功率在全世界范围内都不高，在国内尤其如此。以最富创业氛围的北京中关村为例，创业企业的生命周期非常短，在1至5年间会有20%-30%的企业倒闭，越往后，坚持下来的企业就越少。据有关方面统计，在中关村，平均每9分钟就有一家中小企业倒闭。而创业失败后的企业主，要么赋闲在家，要么另起炉灶，有的干脆不知所终。

第二类，求学。在职场遇挫或者碰到天花板，无法再前进的时候，不少白领会选择充电，去高校或者国外学习，以提升能力，同时结交更好的同业，构建人脉，为下一次出发做准备。所以，严格来说，这种结局并不是真正意义上的结局，充其量是一个阶段性的结局。因此，这种阶段性的结局在持续一段时间后也会分化，要么像第一类一样创业，要么就此赋闲在家，要么再去别的公司从头做起。但是，到别的公司重新入职，仍然会面临结局问题。所以说，这个结局也还不是最后的结局。

第三类，就是赋闲在家。这是多数白领最后的下场。所谓"闲人"阶层的兴起，就是指这类群体的逐渐庞大化。赚了一些钱，衣食无忧，没有生存的压力，也没有前进的方向。每天的生活就是消费、休闲。培养点儿个人兴趣，上上网，旅游旅游，找找美食，拜访一下故旧亲朋，然后在自己舒适的家里坐看云起，潮涨潮落，早早进入老年状态。她们是最年轻的老人，或者说是最老的年轻人。有时也想再出去拼搏一下，又担心创业会把辛苦积攒下的一点儿养老钱打水漂；去给人打工，又觉得受不了那辛苦与委屈。日子就在许多的心有不甘和随遇而安中溜走，直到变成真正的老年人。

当然，这是个人财务状况很好的一类，能过上这样的生活，也是职场人士最为期望的结局。而另有一些个人财务境况不佳、不足以早早过上退休生活的老白领，仍然需要去工作，在各个中小公司之间不断迁徙，从一个单位转到另一个单位，不停地更换名片，当尴尬的职场老新人。

她们需要不断面对年纪比自己小的老板、业务能力比自己强的同僚、发展势头比自己迅猛的下属，内心的不适感会越来越强烈，担心被时代和社会所弃的恐慌感逐日递增。内心的自我肯定感和成就感越来越少，对工作的热情和信心也越来越虚无。而这，基本上是由她们年轻时代的个人选择所造成的，当然，机遇不佳也是重要理由。

有这样一个案例：一位外企高管把当年新招的十位白领丽人召集起来做职业生涯规划，问她们个人的意向，并提供了两个可选方向。一是做公司内部的办公室文职工作，二是去做销售。前者轻松，收入稳定，但是后续上升的空间不大；后者压力大、收入不稳定，得多得少全看业绩，但是做得好的话未来升职可能性很大。多数女孩子选择了前者，做起了轻松而愉快的文职工作，只有个别人选择了压力大的销售岗位。

十年后，那些选择做文职的多数都已离职，因为不断有更年轻、知识结构更完整、外语水平更高、要价更低的新生代进入公司，进行新老更替，黯然退场是这些可替代性高、不具备竞争力的前辈们唯有的选择。而那少量选择了销售工作的丽人，凭着十年如一日的辛苦，积累了足够多的客户资源，掌控着公司的现金流，监控着公司的市场环境，影响着公司的技术方向，成为不可替代的主流，逐层升职，慢慢成长为高层，进化为职场上的胜出者。

总结一下，像所有的事物一样，白领的职业生涯虽有外力的作用，机会的影响，但起最主要的决定作用的仍然是个人的意愿。"有念想的人总能走得更远，求生欲强的人总能活的更长。"职业生命概莫能外。

世界因我而美丽

通过前面以时间为线的纵向叙述,以具体问题为要点的专题讨论,我们可以比较全面地了解当前中国内地白领女性的生存状态及成长路径。可以得出结论:当前白领女性面对的问题很繁杂,应对的矛盾很多极,解决问题的路径与资源不太充裕。

当然,这是成长的问题。作为一个群体,只有短短三十多年存在时间的白领女性在中国仍然处于成长期,她们面对的问题除了经济、社会发展的问题,也有自身性别意识、主体感确立所造成的困扰。

白领女性比她们的母亲、祖母辈的女性更多经济上的自由,更多选择上的多样化,同时,也承担了比她们的母亲和祖母更多的压力与负重。

社会的发展、她们自身的发展使得她们越来越脱离家庭、特别是丈夫的庇护与牵制,以日渐独立的姿态面对个人的生活。她们作为男人、特别是丈夫的客体的因子越来越少,她们作为独立的主体的特性正在逐渐增加。她们被动或是主动、自发或者自觉地以独立的主体的身份面对世界。仰承家庭、特别是丈夫供养的可能性越来越低。她们必须学会以自己的双脚站在地上。即使做全职太太,她也需要特别高超的理家育子的能力,还要保持很好的个人的性别魅力,才能保有社会身份与经济支持。时代的发展,使得社会对女性的要求越来越多，越来越高，而给予她的尊严与主体性也越来越多，越来越好。女性必须接受以自己的身份迎对世界，而越来越少机会做男性的影子。

如果视之为压力，这将是从未有过的存在压力；如果视之为机会，这也是从未有过的大好机会。女性的世界越来越开阔，她能贡献的东西也越来越多。女性，以原初的自然的温柔，加上社会化带来的后天养成的聪慧与机敏，正在变成这个世界最美丽、最重要的一半。过去，人们说：因为神不能无处不在，所以，它创造了（女人的）温柔。现在，人们知道，因为男人不能无所不能，所以，有了女性的创造与贡献。

女性，当她不再以取悦男人为最高目标，当她不再以做男人的客体为生存标准，当她以她自己为主体，当她以她本人而存在，这个世界就因此而分外美丽。

世界，因我而灿烂。

倾城色 兰慧心

倾城色　兰慧心

第一部书《一生中最好的时光》出版之后,可能是为了助助兴,外子将我热恋时写给他的信拿出来给我看,里面有一封是这样写的:谢君千金意,惭无倾城色。修得兰慧心,报君不二情。——显然是从前人的文字里化迹而来,但是那深重的情意历久弥新,令自己都深为感动。

以今时的阅历与年龄看去,不光是对一个心爱的人,不光是对一段感情,整个这趟人生旅行都值得付出这样的深情厚意。正因为"惭无倾城色"——没有过人的智慧、没有过人的成就、没有过人的对他人和社会的奉献,就更要"修得兰慧心"——不惧修行,一直走在追求做最好的自己的路上。向自己、向他人、向这个世界含笑而出,以谢这个世界的给养,以谢在这趟人生之行里所有的相遇。

爱情的归爱情，日子的归日子

谈及令人感动的夫妻情侣景象，很流行的一个说法是：老头子牵着老太太的手，一起在黄昏中彳亍，虽然蹒跚，却充满温情，让人无限流连。

可是，我以为，老年夫妻携手看夕阳也许算不得什么，很多时候不过是对生活的妥协而已，中年夫妻并立伞下共迎风雨才是人间真情。在这个"小三"遍地、外遇流行的年代，中年人能有真正的夫妻情分，才是难得。

我知道有人要说：人与人之间最大的恩是什么？不是给你万贯家产，而是陪伴。所以，养育的恩大于生育的恩；夫妻的恩大于一夜欢乐。能让一个人陪伴一生，实在是那个人对你的很大的恩情。这样的相伴到老怎么不令观者感动？

我想说的是：陪伴一生是恩情固然没错，但这种陪伴应当是高质量的陪伴，彼此在青年的时候有过爱恋；中年的时候有过牵手伞下共迎风雨的支撑；老了，一起相濡以沫共同走向生命的终点。这样的优质陪伴才是真正的陪伴。

如果年轻的时候出于某种目的（比如经济压力、荷尔蒙压力，甚至免费保姆考虑）而假以婚姻之名套牢对方；中年之际在外面找"小三"、"小四"，给对方造成深切的痛苦和终身不愈的伤口，即便没有外遇而相互折磨、相互撕咬，一辈子的时间没干别的，尽互相伤害了；老了，哪儿也去不了了，什么也干不动了，只好守着那个一生的对手等死。这样的陪伴有意思吗？值得感恩吗？不能因为终于相互折磨到老，仅仅因为临终的时候有对方在眼前，便觉得过程中所有的痛苦都是幸福。用结果说明一切，甚至用结果美化过程，太悲惨了。这是对痛苦的二次提纯，除了让人对生活失去信心，对自我失去尊重之外，我看不出有什么价值。

这样的陪伴不如孤单。

知道这样一个故事：一对拥有高质量婚姻生活的夫妻在经过近十年的婚姻之后决定分离，分手之际妻子尚有犹豫，丈夫说："给我们自己的记忆留点儿奢华吧，不要把一切变成相互折磨的破布，回顾往事的时候意兴阑珊。"

妻子说："我们终究要和一个人过日子，岁月终究会把一切漂洗成破布，又何必再找另外一个人经历相同的故事呢？也许再美好的爱情，也经不起岁月的漂洗。底子好的，洗洗还能剩点破布啥的，勉强把这岁月遮过去。底子差的，就啥也没有了，连一丝情意都不剩。"丈夫说："如果真的这样，那就把爱情留住，至少让它在记忆里鲜活，而注定要成为破布的，就找应该成为破布的吧。趁着我们这时彼此还对对方有爱恋，就把爱情留下，不要把爱情变成日子。"

多年后，这妻子回眸往事，叹："真感谢他。给我的记忆留下了美好，否则除了千疮百孔的现实，整个人生乏善可陈。现在，日子一样无味，但至少拥有记忆里的爱情。感谢他当年的明智，如果我们执意执子之手，与子偕老，此时只怕除了相互攻讦、各自伤痕累累,什么也没有了。"

是的,有时候分手比牵手更让双方有尊严;离开比留下更能体现价值。非要"天地合,乃敢与君绝"是爱情上的恐怖主义,用双方的人生祭奠死去的爱情,是一种人际关系中的可怖的暴力。

有一句话叫做"恺撒的归恺撒,上帝的归上帝",引申一下可以说:"爱情的归爱情,日子的归日子。"有人讲这话时意思主要是停留在踏实过日子,别用爱情来衡量日子的这一半含义上。我以为:从让生命有尊严,人生有价值的角度考虑,应该更强调另一层意思,那就是:别用日子衡量爱情,该讲爱情的时候讲爱情,别因为恐惧生活,而把所有的美好下拽成过日子的经济实惠。为了所谓的活下去,把所有的爱情漂洗成破布,非要同归于尽才叫忠于爱情,这样的为人处事非常野蛮,非常不值得提倡。

学会放手,学会离开,学会转身。

当然,如果有孩子,那是另外一种情况,不在此次讨论之列。

把爱情的归爱情,把日子的归日子。

婚姻的高峰轮回

能否满足他（她）除利益之外的其他渴望？能否得到他（她）情感上的认可？是否积累了成为某种不是利益的共振？

此外，就是你的态度。什么样的态度？当然是对对方的尊重。那么，对对方的尊重体现在什么地方？我想，最重要的是，尊重对方拒绝你的权利。不要一副志在必得的嘴脸，仿佛人家若不接受你的感情就天理难容，不给对方留丝毫说"不"的余地。这应该叫"强极则辱"，"迹近无赖"。更有人把自己的诉求摆放到道德制高点，然后逼迫对方来同情自己、支持自己，否则就是不道德、不善良。简直是一种要挟和绑架。无论你的愿望有多强烈，得到对方接受的愿望有多迫切，也不要让对方感觉到勉强和纠缠。一定要明白这一点：谁也不欠你的。不要因为自己的激情，而要求对方也同样燃烧。

上面这段话是著名文化人老六在自己的博客里就与杨绛先生谈合作时的一段工作方式方法上的感慨，我觉得放到任何地方，婚姻中——特别是爱情中，非常有教导价值。

现在的人，总是感慨婚姻让自己失去的太多，得到的太少，却从不反省自己对婚姻中另一半的亏欠，至少是方式方法上的不可取。而比这更不好的是，用方式方法上的恶劣来加速婚姻内在价值的递减，将原本相亲相厚，至少是相濡以沫的婚姻变成人间地狱。

一段婚姻应该有让人甜蜜、幸福的爱情。如果达不到，相互间有尊重、有相守相助的道义，也可以，如果连这都没有，相敬如"冰"（相敬如宾那是更高的境界）总可以吧？彼此视作舍友、同租客，悄无声息地将时光熬过去。

如果连这都实现不了，相互攻讦、相互撕咬，彼此做生命中最大的杀手与刀客，这样的相守有什么意思？

当然，也许会有人辩解说："我们开始不是这样的，开始一样两情相悦，记得当时年纪小，你爱谈天我爱笑，随着时间的增长，越来越坏，终于发展成'人生若只如初见'的沮丧与懊悔。"

这是可以理解的。时间会改变一切。除了外在的种种变化，比如经济条件和社会地位的变化、外遇的诱惑、突出其来的人生磨难等等，都会改变夫妻情分。即使这一切都没变，生命本身的变化也是不容小觑的改变推手。特别是个人生命高峰的变化，会对个体的人生产生巨大的改变，继而改变夫妻之情、家庭关系。据现代生命科学研究发现，人生有有规律性的生命高峰：首先，人人都有生命的高峰期。其次，生命的高峰周期大体上为每15年就出现一次。这样，我们每个人如果按照中国人的平均寿命算下来，大体要有5次生命的高峰。也就是说它们将出现在你的15岁、30岁、45岁、60岁和75岁。如果你是幸运的长寿者，你就有可能再在90岁时迎来第6次生命高峰。

按照这样的推理，人生任何阶段都有攀高的可能，当一方走高的时候，另一方却不幸正处于谷底，相互不和谐就在所难免。但是，婚姻的可贵就在于彼此是对方生命的伞，一个人风雨交加的时候，另一个人可以做一些挡掩。承受磨难的一方不必气馁，你的下一次高峰就在前面。而处在高峰的一方亦不必就此萌生离弃之意，你的轮回也很快就会到来。生命不会一蹴而就，不会一次努力或失败就定乾坤。人生永远需要努力，也永远有机会重头再来。生命不是受一件事、一个人的影响，是走过千百条路后偶拾着一丁点一丁点精粹汇聚而成。

婚姻只怕也是如此。什么样的婚姻都不可能一蹴而就，都会在不同的阶段有不同的状况。期间总会有高峰与低谷的交替，有痛苦与幸福的轮回，怀着豁达的心，对变化安然而视；怀着慈悲的心，对自己和伴侣友善相待。

但是，最最重要的是，任何时候，你都不能强求对方。你不能要求对方和你用同样的频率共振，你不能要求对方和你站在相同的节点决策——不说做不到，即使做得到，这样的要求也纯属无礼。你不能要求对方分分钟回应你的信号，你不能因为自己激动，就要求对方也燃烧。所有这样的行为，统统属于霸道，不但不可能得到对方出自本心的接受与回应，反而容易自取其辱。所以，要给别人留有余地，要给对方拒绝的权利，要接受对方的"不接受"。任何时候，都不要持有勉强之心，既不勉强自己，更不勉强他人。

只有这样，你才可能在熬过了这次低谷后迎来下一次的高峰，或者在这次高峰的时候预见得到下次的低谷。否则,只怕高峰的时候一坠入崖,低谷的时候从此歇菜。好合好散还是不错的结局,就此撕打、彼此成伤才是真正难堪。

学会拒绝,学会接受拒绝。不但于婚姻有益,只怕也于整个人生有益。

试试看。

人生大理财

看到一句话:"套用经济学术语,在婚姻中,对方是你的收入,你自己就是成本。这么大的成本,竟然有很多人漏算。"

这是非常经典的理财学,而且是把人生当财来理,充分体现了现代人的精明和务实。我不反感这样的精于算计,相反,如果真能以这样科学而理性的态度来算计人生,可能反倒是值得赞赏的,只要真的是把整个人生当财来理,认真规划、理智绸缪。怕的就是在一钱一币上精打细算,而把整个人生疏忽了,那才叫真正的悲剧。

随着经济的增长,普通人手中的结余多了,理财自然成为必需,各种金融机构的理财学也纷至沓来。满耳听到的都是"你不理财,财不理你"的现实教导。这话当然没错,但关键是对谁而言。对一个月薪一万,房贷加车资,连上生活费,每月结余不过一千的人来说,再精于算计,再懂这家机构的理财产品比那家机构的理财产品多万分之一的收益,有什么意义?多,也多不了几分,却耗尽大好的时间和精力,我以为是得不偿失的。有那算来算去的时间和精力,不妨算算人生。

如果把整个人生当财来理,而不是执著于一钱一币的收益,可能价值更大一些。那么,什么叫把人生当财来理呢?我认为有三个原则:首先,过好当下的日子最重要。

不要刻意为未来而牺牲现在的生活品质。不必非要从牙缝里省钱，去定投什么理财产品。把日子过好是人生第一大义。有牙的时候吃好，没牙的时候才不遗憾。武则天晚年的时候权倾天下，富可敌国，可是味蕾坏掉了，有再多的钱怎么样呢？有身材的时候穿好。年轻人不必非要穿名牌，美好身段上即使披一个床单也充满青春的风采。不要等到佝偻着腰身的时候再后悔从没穿过晚礼服。人生中最需要珍惜的是自己，如果忽略了自己而执著于存钱，实在是对创造你的造物主的不恭，是对自己的残忍。在过好了当下的生活之余，有闲钱，买一点金融机构的理财产品，是锦上添花之事，否则就是得不偿失。

第二，花在学习和人情往来上的钱不要心疼。特别是对年轻人来说，你最好的投资产品就是自己，用来给自己提高素质和技能方面的钱，不要吝惜。把钱花在买书、请老师上，不要舍不得。即便是去看电影、听音乐会，都是能提高自己的投入，不要过分苛刻自己。这些在未来都会给你带来巨大的人生收益。有人说："40岁的时候拥有1000万，大过80岁的时候拥有1个亿。"为什么？40岁的时候的1000万你可以去做很多事，而80岁的1个亿，你很难找到花出去的途径。所以，有途径花钱是好事，不要刻意节俭，不要刻意留存。别听信那种巴菲特每日的午餐只是一个汉堡包的所谓理财故事，巴菲特真花钱的时候谁也没见过，再说了，靠天天吃汉堡包你也成不了巴菲特。做一个安享现实幸福生活的人比成为巴菲特的概率要大得多。

正如网络博客作者深圳闲人所说："而人情方面的往来，更是用不着算账。这些花费不过都是亲人团聚、朋友见面,钱又没花给外人。比不得输了股票,买贵了房子,做亏本了生意——那样除了闹心还是闹心。人情往来花的钱,都花在自己和至亲至爱身上了,就算是送个礼啥的,也是给自己谋前程谋福利的,能花出去说明有人缘招人待见,花完了再反过来算账就没意思了。"努力挣钱再接着花,这才是正道。那些永远舍不得为亲戚朋友花钱,永远在买单的时候冲到卫生间的人,很难得到有价值的发财信息——周围人都不在了,谁告诉他呢?

第三,不要陷于名牌陷阱。现在的年轻人,甫一出生,就赶上了经济高速增长的黄金期,看过了财富神话,听多了广告宣传,就把人生的趣味全建立在消费上了,特别是对所谓名牌趋之若鹜。省吃俭用就是为了买一个名牌包包,千辛万苦赚下的钱全换成了一柜子的名牌衣服。等真需要用钱的时候,除了那一堆所谓名牌,卡上刷不出一万块现金,这样的理财观念是要不得的。吃好、穿好、用好,只需讲求品质,不需在乎牌子。是哪个牌子关系不大,东西好用才是上佳。

基本上能做到如上三点,我觉得财富规划方面就不致出现大的失误。普通人,为自己辛苦赚来的钱寻找结余之后的出路,安全为重要原则,舍散是投资之道。要真拘泥于所谓一毫一厘的金融产品的算计,我觉得没什么意义。因为,第一,你永远算不过拥有精致无比的模型和专业精算师的机构;第二,实体经济被过度虚拟化原本是以金融为核心的现代经济社会最大的问题,高杠杆率连巍巍美国都被拖入无法支付的金融危机陷阱,何况普通如你我?2008年以来的金融危机洗尽了多少人的财富?这些充分说明只建立在数学计算上的金融理财并不靠谱。所以，过好日子，尽量把自己的财富"实体化"是理财的正确选择。真要把个人财富虚拟成数字游戏般的所谓"金融理财"上，那就非人力所能控的，只好听天由命。而天命，从来都是劫富济贫、众生平等的。与其等到天公出手，不如主动点，自己乐善好施，从而积福延德。这许是真正应了天命的好的人生大理财。

网络的恩惠

一 好奇，不必非要堕落

作家黄佟佟说："倾国倾城的'妖孽'，从极暗极黑处来，身负绝美肉身，行事乖张，凭着天生的直觉打天下。"

而我爱看她们在黑夜里化着浓妆的脸，极魅惑极艳丽，真正叫做吸引人。那个时候，"妖女"一词代表的真是赞叹、羡慕和嫉妒，却不一定有恨。

而要做"妖女"，也要有本钱、有能耐，不是一味堕落就可以的。但是，很多姿色平凡却自甘堕落的年轻女子不晓得。不美又愚，还要堕落，只有死路一条。

知道这些人生非此即彼的不二之选，却又对"妖孽们"怀有巨大的兴趣，如何探寻她们、感知她们、认识她们？

上网。

在网上，看得到她们的博客，关注了她们的微博，对她们的经历与内心可以做深入的、药一般的进入式了解。不必非要自己堕落，不必非要自己也去那样做，便可知道另一种人生。好奇心得到了巨大的满足，又不必亲身躬行，真好。

据说，在北京一些酒吧里有这么一群长得漂亮的女孩子，她们个儿高的自称T台模特儿，腿短的自称平面模特儿,也有人以演员、歌手自居。她们常常在微博上发自拍照片,极美丽极妖媚,而且性方面极解放,思想上当然也极前卫。看得顺眼的男人,一声招呼,她们便会跟他走,不拘任何前提;看不上的,据说即便是捧上兰博基尼的车钥匙,她们也不会看一眼。但是,也有人说,她们其实很在意男人的经济实力与社会地位,要她跟你走,没有傲人的家资免谈。

对她们,我等平凡女子难掩好奇:她们是贾宝玉说的禀了天地精华的钟灵毓秀还是承了宇宙邪气的人间妖孽?她们是比我等平庸之辈更加丰富多彩的人间精灵还是拿一世换一时的不幸灵魂?

她们的博客与微博会清楚地告诉你答案。

心中有佛者,见佛;腹中大便者见大便,如同苏东坡和佛印的玩笑——苏东坡和佛印聊天。苏东坡问佛印:"你猜,你在我眼中像什么?"佛印问:"像什么?"苏东坡说:"大便。"佛印微笑,问:"你猜,在我心中你像什么?"苏东坡惴惴问:"像什么?"佛印说:"像佛。"心中有佛者,见佛。心中有大便者见大便。

你有怎么样的价值观,便有怎么样的人生。好与坏,都是如人饮水,冷暖自知。价值观的差异,使得人与人的差异远远大于人与猿猴之间的差异。那么,如果你是此类价值观,却因好奇去践行彼类生活方式,只怕死路一条。而许许多多的人仅仅因为好奇,迈出了一小步,却付出了整个人生。

好奇真的会害死猫。

所幸有网络,有博客、有微博,如果你仅仅是对某种生活方式、某个人群有好奇，不必亲身实践，不必身体力行，上上网就够了。那里，别人会用自己的人生给你想要的真实答案。

网络，是神的慈悲。

二　慈孝，不必筋疲力尽

姐姐身体不适，得知她需要补给一些螺旋藻与蛋白粉。从网上购了，由卖家直接快递给她，三天后，就收到姐姐的感谢短信；弟妹爱漂亮，却因太忙没时间给自己买衣物，问清了她的尺码，从网上购了由卖家快递给她，第二天弟弟便打电话过来："我老婆说，你这个姑姐比我这个老公贴心。"虽是自家人的好话，一样爱听不厌。

这种事做得多了，家里人便常夸我是个好女儿、好妹妹、好姐姐，彼此间的亲情更盛。感谢网络。网络如此方便，一两分钟之内，三两下点击，就可以完成一次爱心之举。要是换了没有网络，凡事自己实施，只怕做不到。从安排时间上街、进商场，到货比三家买好，然后跑到邮局邮寄，这要花费多少时间和精力？纵有再多爱心，只怕也难次次如愿。网络的出现让我的爱心有了体现的可能。深深感谢时代的进步，感谢电子商务的发展。

过去常说"久病床前无孝子"，说的就是时间、精力的过度取用对人的爱心的巨大损耗。再大的爱心、再亲的亲情，施以杀鸡取卵、竭泽而渔式的损耗，都难持久。不是人品不好，不是爱心不够，而是难以为继。

又言：爱家人要趁早，不要等到子欲养而亲不在。而年轻人和中年人正处于人生拼搏阶段，所谓生活是"儿童的天堂，中年人的战场"，让身负战士之责的中年人对家人施以爱心，很多时候体力和精力，还有时间方面难以顾及。网络的出现，解决了很大的后顾之忧。所有的事，在网上鼠标一点，就可搞定，多么幸福。

爱家人、爱社会、爱奉献，也得有支撑系统啊，否则巧妇难为无米之炊。纵然浑身是铁，能打几个钉子？好在有了网络，平白间添了神勇之力，大大小小的事情，在网上统统搞定。爱心得到了体现，能力有了舞台。既当了好的脊梁，也没过于累损自己，真是两不耽误。

"世间安得两全法，不负如来不负卿"，每一代的中年人都在面对生活时有过这样心有余而力不能及的无奈与愧悔吧？而我们这一代人，感谢技术的进步，终于可以稍稍松一口气了。借网络之便捷，献爱心之无限。

网络，是时代的献礼。

三　爱恋，不必相互监守

爱上网，是外子对我最大的指摘。

在他眼里，鄙尧从外形到人品，都无可挑剔，唯一不可饶恕的缺点就是爱上网。

允许我辩解一下：其实，跟真正的网虫比起来，我根本不算什么。白天工作，我不上网；晚上回家，做饭、擦地、辅导孩子功课，我也不上网；就在这一切之余，上自己的博客和微博，与众女友们逗逗闷、吹吹牛，他还不满。真是惨无人道。

当然了,我也能理解他的不满因何而来——对于一个阅读基本靠印刷品、交流基本靠面对面、娱乐基本靠电影的落伍于时代发展的过气之人来说,家有一个购物、交流、阅读全靠网络的女人,属于"叔可忍,婶也不可忍"的忍无可忍之事。在自己陌生、无所收益的事物面前,持有反对之心,是人之常情,是可理解的。

但是,理解了不等于就必须接受。我这样有着强烈内心情感需求的码字之人,不上网,不与众多女友做文字上的唱和与交流,那基本上等于要我的命;我这样热衷于生活中扮成熟、扮理性的写字楼女士,不让我上网八卦一下明星绯闻、名人轶事,郁结的情绪如何找得到平衡的出口;我这样购物、理财、买化妆品全靠网络的爱潮之人,不让我上网淘宝,那不等于逼我提前自我封闭、自绝于社会么?

不行,坚决反对不让我上网的野蛮家规。想象一下,如果没有网络,没有人与我做文字上的应和,不关心艺术、不关心文学,那丰富的精力自然就会变成关心东家长、西家短,鸡毛蒜皮、鼠目寸光,那样一个言语无味、面目可憎的女人放在家里多影响一家人的生活质量啊。

如果不上网,不让我八卦明星绯闻、名人轶事,那郁结在心里的话就会变成唠叨,天天在家人耳边回响。每天高分贝的更年期女声絮叨一家人的缺点,受得了么,你们?

如果不上网,不网购、不淘宝,整天穿着过季的衣服,蓬头垢面、衣冠不整,也不关心家人、亲戚、朋友,既不修饰自己,也不人情往来,那样一个自私、冷漠的人生活在身边，不觉得悲哀么？

　　所以，还是让我上网吧。网络，使我言之有物，爱扮靓，喜人情往来，跟得上潮流，这样的女人做人生伴侣，多有意思啊，是吧？当然了，我会考虑你的感受。只在你看书的时候看博客；只在你与他人应酬的时候织微博；每购一次物的时候一定也给你买样小玩意儿，哪怕是一个你大衣上备份的扣子。只要你需要，我分分钟在你的视线里，并且永远与你保持同步，可好？再说了，一辈子相守，老是腻在一起，也容易审美疲劳。天天相监守，也容易彼此生厌。拿网络做防火墙，隔离撕缠的伤害；拿网络做冷柜，冰鲜我们的爱情。多好！

　　网络，是主妇的尊严。

温情毒药

张爱玲晚年深爱的《海外花列传》里讲了这么一个老鸨：名叫黄二姐的她年轻时号称上海滩一类妓院的"七姐妹"之一，也是脂粉行里的魁首，以色为剑的江湖老枭，颇有些为妓的能耐，挣得不少钱。后自己赎了身不算，还继续开妓院，生意做得蛮红火，颇是挣了些银两。最火的时候，手里有十数万洋钱——当时一个保姆一个月的工资是一块洋钱，可见也算是个富婆了。但是，有一个毛病，喜欢养男人。而那些吃一个曾经的妓女、现时的鸨婆的软饭的男人能是什么好东西？不是流氓就是无赖，骗光她的钱就一走了事。她前后数次被男人所骗，却终生不改。

一个曾经为妓的女人，也要男人，这很令普通人感到不解。在我们这样的普通人想来：妓女还有对男人的需要吗？从这个黄二姐身上看去，她倒不是生理上需要，而是心理上需要，需要一个男人的爱护与温情。是的，就是这一点点温情，让她甘心付出血泪换来的皮肉钱。一而再、再而三，只要那个男人说上几句温存的话、做一两个关怀的小动作，她便火里火里去，水里水里去，诈骗、坐监、勒索，统统都干。只为那个男人一句温存的"好话"。

温情的代价是多么昂贵！

而这样为了一点点温柔，不管不顾，付出一生代价的女子，又岂是这些原本就缺少尊重、缺少爱惜的可怜女子的专属，就便是女强人、大女人，不管外面多么威风多么强势，在一个给她些许关怀、一点温情的男人面前，一样会低到尘埃里。

张爱玲自己便是这样啊。

胡兰成有什么好？又老又弱，名声很差，还在外面搞七捻三，拿着一个女人的钱去买另一个女人的笑。张爱玲一样视他为人间的宝，为他搭上一生的情与爱。那是张爱玲啊！最是无情，最是拎得清，连自己的亲生父母、亲弟弟都视同路人，与好朋友上街吃块蛋糕都要算清一厘一毫的张爱玲，拿自己辛苦写字的稿费给胡兰成花，千里迢迢去看望他。是因为智力不够？不，不过是贪恋那一点点温柔。

如果说这是单身女子的软弱，那么，再来看看另一个例子。出任了美国的国务卿，被喻为美国史上最强势、最能干、最有远见的女人的现国务卿希拉里·克林顿，在她的丈夫比尔·克林顿身为美国总统与白宫女实习生传出绯闻、受到全世界哄笑的时候，她依然和他在一起。是因为她没有能力独立么？是因为她不够有财势么？是因为她需要他的庇护么？只怕再有偏见的人都不好意思说是。她足够独立、她足够有钱有势、她毋须任何人的庇护，她与他在一起，只怕也是舍不得那一些共同岁月里培育的牵手的温柔。那一点点除了他，全世界都给不了的温情。

无论是大女人还是小女人，无论是前朝还是当代，无论是中央之国还是四夷蛮狄，无论是大国权倾朝野的权贵还是小国底层的弱势群体，只要是女人，只要事关温情，统统会化作飞蛾，为了温情那一点点炫目的光彩，倾身扑火,将自己燃烧至灰烬。

所以,我不相信"女人离了男人一样活"的铿锵誓言,不是经济、社会的原因,甚至不是政治的原因,仅仅是因为女人自己的原因。

所以,我不轻易劝女人离开那个伤她至深的男人,离开了他,只要没有斩断与温情的牵连,她还会投靠到另一个男人的怀里,而那只怕是另一段生死莫测的不归路。

好了,你要怒了:"那依你说,怎样?难不成要女人贱若烂泥么?"

不,不是这样。依我说,女人要认清温情的魅惑,要从此时此刻免疫温情的毒药。不要为了一点点温情,搭上整个人生。

承认温情是好东西,但是,不必非要有,不必非要拿自己去换。有好的、有价值的关系,可以倚赖那关系里的温情。如果那温情是畸形的、不健康的,就尽可没有,也不要中蛊。

宁肯没有,不要受温情之惑。

温情,有时候,是女人致命的毒药。

优越感与自卑感

优越感与自卑感是一枚硬币的两面,相随相伴,相辅相成。

关于优越感,词典上是这样解释的:指显示蔑视或自负的性质或状态,是一种自我意识。大多数人都会不同程度地拥有某种优越感,比方说职业优越感,长相上的优越感等。

如作家石康所说,"优越感具有排它性,不许别人超越,也不许别人与其并驾其驱。在文化上,它其实是一种狭隘的表达,只属于封闭文化,它以大、以聚集为美,不承认或者无法想象分散的、独特的个体美。"

如此看来,这东西属于人皆有之的普遍属性,但是,这不说明它可爱,恰恰说明它讨厌。

所以,不要轻易流露你的优越感,因为优越感所在的地方,就是你的最高点所在的地方:在钱财上表示出优越感的人,可能人生中唯有的骄傲不过是那一点子购买力;在职务上表示出优越感的,可能离开职场,人生就乏善可陈;在外貌上流露出优越感的,可能美则美矣,却毫无灵魂……如果让人一眼看穿你的人生最高点不过如此,哈,那根本就是自曝其短。所以,谦虚是藏拙,动辄优越感加身,则是人性的走光。

是的,可以毫不夸张地说:优越感是弱者的自我平衡——虽然其人表面看起来张牙舞爪,颇为强势。

如有人在网上所言,"因为,优越感的另一面就是自卑。而自卑就是求取优越感而不得,从俯视他人转为俯视自己,说到底,都是缺少真正的爱人、爱己之心,没有真诚待人、待己的能力。人的诸般情绪中最不好的也最为基础的就是自卑,因为自卑,所以好胜;因为自卑,所以要奋斗、要争气、要成功、要强势……如果放下自卑,就会放下许多自造的苦。"

因为自卑,所以渴望优越感;表现出优越感,其实恰恰是缘于自卑。

人生,既不必动辄优越感加身,也无需自卑。接受自己,承认自己,哪怕这个自己不那么完美,也要抱着善良的心,接受自己,好好爱自己。然后,在这个基础上,接受所有和自己一样不那么完美、却独一无二的他人。

做一个真正的智者:既不自我膨胀,也不自我否定。怀着善意,对自己和他人都抱以温暖的爱意。

离开优越感,离开自卑感。

四十岁，一定要快乐

是的，我正在奔四的路上狂奔，对于即将到来的四十岁，我满是祝福，祝我的四十岁快乐。

过了四十，一切都要向自己要了，所以，快不快乐，全在自己。即使外界仍有伤害，可是，四十岁的你，应当有屏蔽伤害的能力了。所以，要快乐。四十岁，仍然要上进。都说人生从四十岁开始，到了这个年纪，亲爱的你，肯定已然学会了选择，在能得到的范围内，总是选择那些自己真正渴望的、有益的，让生命更加宽广和厚重的好东西。如何能不快乐？都说四十不惑，到了这个年纪，在大的问题上应当都呼应了自己，不必再对大的问题摇摆，也应当学会了和自己和谐相处，不再做不着边际的怨恨，不再做无谓的反抗，做到了，当然快乐了。还有，要学会过日子了，在一分一秒中，在一茶一饭中，仔细体味生活的好，尽情体验人世的好。

四十岁啊，我要去整容；我要去拍个人写真；我要阅读；我要购物；我要大家想起我时，就满脸的温柔、满心的喜悦。四十岁的我，要的很多，也愿意付出很多。呵，想象着那样一个快乐的美妇人安然走过，真是恨不能化身成另一个自己，出来和自己谈恋爱。

四十岁，不一定最好，但肯定比现在好。这多好！

故乡的音乐

据说,小时候没吃过某种食物的人,成年后会对接受这种食物不耐受。比如很多老一代的南方人,到现在都接受不了酸奶,特别是原味儿酸奶,一吃就吐,与童年的经历有关吧。

其实,文化也是如此。童年时没有某种文化基因的人,成年后再接受这种文化,与那个深深根植于其中的"土生儿"肯定会有差异。

暑期,回了趟青海,坐车从一望无际的油菜花地旁边经过,望着那大美之景,必得听些音乐,就好像美食家有肉时须得有酒,才能产生身心饱满之感。

开车的人放了最新的流行音乐,在大美的青藏高原上听这种歌儿,整个儿一个不搭。换了老一点的,比如邓丽君的,还是不搭。最后,是我自己放了一盘藏族和蒙古族的拼盘,苍凉的蒙古族歌曲,特别是其中的女中音和女低音,与金黄的油菜花相配,美得令人想落泪。之后高亢的藏族女高音,唱着"格桑花儿开,亲爱的卓玛你在哪儿?"则是另一种美,美得让人心醉。

"月光落地的声音,格桑花听得清;阳光走路的声音,雪山听得清;无论山高水远,我听得见你心跳的声音。只因为你,捧给我的爱,让我感动一生一世……"

在大美青海,在金黄的油菜花铺展成一片的公路上，不是这样的音乐，就听不出那个青稞酒、酥油花的味道来。

音乐与风景一样，是有地域性的。真的是在哪山唱哪儿的歌，绝对不能混搭。

回来后，与外子去了趟承德，在路上，放同样的音乐给他听，他连连摇头，说听不下去，而是坚持听他的邓丽君和陈百强。我骂他冥顽不灵，但是自己也知道，在风景秀丽的避暑山庄，是无法听高原上的歌曲的，也是不搭。

静静的夜里，一个人用耳机听"花儿与少年"，听得那叫一个身心舒畅。年纪渐长，对故乡的音乐充满了渴望，那种热辣、高亢、直接，那种倔强、忍耐、向往，只有在我们的"花儿与少年"里才能得到满足。我故乡的音乐啊，让在钢筋水泥的森林里游走的我，听得心醉，听得想落泪。

我是高原的孩子啊，心里有一首歌，歌里有我父亲的油菜花，母亲的湟水河……

可怕的三十岁

一直以来,很怕跟三十岁左右的人接触,能躲就尽量躲开,躲不掉的时候就在心里暗暗叫苦。

为什么?

因为三十岁的人具有太强的攻击性,很可怕。

都说三十而立,人到三十岁的时候,社会、家庭,以及自己都会对人有个要求:希望立业、希望成家,所谓"得到"的要求比较多,重压之下,人会不由自主地紧绷,会索求,会以攻击者的身份站立。于是,这个年龄段的人显得很进取,但是,同时缺乏失败的学习,显得不柔和、不从容。进取心很盛而容忍心不够,就会极具攻击性。

每个人都会有这么一个阶段,我也是从此进化来的。知道那个阶段的负重和险恶,了解那个阶段的焦虑与脆弱。那些负面的东西非得经过失败、非得经过痛苦、非得经过时间的洗汰而不可去掉,与个人性格、出身、学历没有太大关系。任是谁,在那么样一个重压阶段,都很难从容。

那是时间之过,与人无关。

所以,很怕跟正处于这个阶段的人相处。无论我怎么样友善,那个人自己总是绷得太紧,两个人相处起来,就很难做到有序、和谐。不论是工作关系还是朋友关系,都不太好相处。没有办法改变，只能等待，等他（她）成长为最好的他（她）自己。

过了这个阶段，吃了亏、碰了壁、走了弯路，人自然会学乖。不是特别异常的机缘，大多数人，过了这个阶段，会变得聪明起来，会与他人友善相处，能学会推己及人。所以，都说四十不惑，说的就是人到了四十，就比较了解自己、了解他人，就不那么焦虑，也不那么脆弱了。迷茫少了，主见多了；攻击性少了，替人着想的多了；不再斤斤计较，而是学会在一个大的坐标里看待得失。年纪的增加，会让人和顺。所以，人们形容老人，爱用"慈祥"的说法，说的就是时间带给人的性情上的软化。

有一句话说：人生真正有价值的就是那些走过的弯路。每个人在自己的弯路里学会走直路的能力。而这一切，需要时间。三十岁的人，做好了出发的准备，甚至已经开始上路，但没来得及走足够多的弯路，所以，还没有学会面对，没有学会失败，没有学会体谅。

如果你正巧处于三十岁，那么，小妹，请尽量放松，别着急，别太高要求自己，也放低对别人的期许。静静地往前走，不要急，所有你想得到的最后终会得到。过程中，请尽量不要恶形恶相，尽量做到友善从容。无论输赢，姿势漂亮比成败得失重要——你的四十岁会告诉你：对人生来说，过程真的比结果重要。

如果你已经过了这个阶段，呵，恭喜你，终于与可怕的三十岁作别。从此后，不论前面是和风细雨还是狂飙突进，起码内心深处可以做到安静从容。

看莫泊桑讲述经济起飞时个人的命运变迁

因缘际会，开始看北京燕山出版社出的《莫泊桑短篇小说集》。这个集子是第一次翻，但其间的名篇并不陌生，《项链》、《羊脂球》这些名篇是中小学课本里就学过的。那时只觉好玩，现在重新看过，却觉得不是好玩，而是沉重、悲伤，以及不可抑制地对命运的畏惧。

这书里的主人公多是19世纪末期的人物，那时的法国正在实施大规模的工业化，也可以说是经济起飞之际，与今天的我们在社会经济形态上非常相似——尽管看起来好像差着一百多年——插播一下当时的时代背景：19世纪20—60年代，法国工业革命开始在全社会大规模发生。它既是工业生产技术上的革命，又是社会生产关系的巨大变革。整个社会因此而产生了史无前例的巨大变动。

原有的农业生活方式被倾覆，新的资本主义生活逐级建立——奢侈品开始向下兼容，以致出现了《项链》里讲的小公务员的妻子为了赔付搞丢的借来的钻石项链，背负了整整十年的债务，夫妻俩拿一生中最好的时光用来还债——像不像今天的城市白领夫妻还房贷？

最令人心情沉重的是：那些为工业化付出巨大代价的偏远地区的年轻人，失去了土地、失去了传统生活方式的年轻人涌入巴黎，做厨娘、做低级旅馆的服务员、做小餐馆里的女招待甚至出卖自己。人生没有未来、没有希望，仅仅是活着，有的时候像动物，甚至像最低级的动物一样。看得让人伤悲。——多么像今天北京、上海、广州的蚁族甚至发廊里的洗头妹？

由经济形态改革导致的社会生活的撕裂也有很多的相似性，特别是个人命运的演变，让人深深叹息，继而警醒：那些巴黎与外省的让娜们与北京或山西的玉兰、小红们并无多少不同。一样的面对命运的无力，一样的面对内心的困窘。比如说：出身贫寒，身处底层的父母愚笨而自私，没有能力、也没有心愿护佑孩子，任由他们涌向大城市，在陌生的地方深一脚、浅一脚地孤身一人趟涉命运之河。身负绝美肉身而又聪明伶俐的个别女孩子，或许从一个男人的怀抱转到另一个男人的怀抱时，真的就此找到了依靠；而大多数，只有冒险的勇气却无浮起的能力，再加上运气很差，一经堕落，从此就零落成泥，做了社会前进的炮灰。——与我们从媒体上看到的那些发廊洗头妹们的悲惨命运多么惊人的一致！

是的，太阳底下没有什么新鲜事，法国工业革命中经历的那一切，我们今天正在经历。经济起飞时，过往生活方式的被颠覆让人面对世界时茫然无措。但是，历史的可贵在于可以借鉴。我们是不是一定也要经历其他国家经济起飞时的罪恶与不幸？答案应该是不——不必，不敢，也不能。

必须找到解决之道。如果经济起飞必须要颠覆过往的生活方式，但是，请不要颠覆基本的人伦；富裕不一定要以牺牲为代价；未来的美好不一定要以今天的痛苦做成本。

历史的车轮走到今天,我们不一定非要经历老牌发达国家经济起飞时经历的那一切,一定找得到更好的、惠及更多人、保护更多人的政策与路径。我们所有的探索都必须致力于这个点,历史才有了借鉴的意义,时代才有了发展的价值。

经济起飞时,看看莫伯桑,很有意义。特此推荐。

尊重与富裕

从欧洲回来的人提及欧洲的好,说得最多的一点是:尊重。对个体的人的尊重,从制度设计到执行程序,充分体现对个人的尊重。听了很羡慕。

欧洲能做到这样,想来一则是其原初以来的契约文化;二则是多达数百年的经济发展——虽然现在它们有些国家经济下挫,但其中多数是老牌的发达国家,早就达到"仓廪实而知礼节,衣食足而知荣辱"的程度了,自然会让人觉得舒服。

相比之下,我们的土地上几千年皇权独大的儒家文化——"一姓奴役万民"、"百姓皆奴才、皇家独高贵"的文化之下,谈什么对小民的尊重!再则穷啊,虽说现在已是世界第二大经济体了,那是总量,人均一下看看,落后到哪里去了?

我们生在这样的国度,生在这样的年代,抱怨是没有用的,致力于改变是唯一的出路。好了,你要问了,怎么改变?首先,当然是发展经济,虽然现在有无数的环保派们反对全球化、反对工业化,但是,平心静气地、理性地探讨问题——世界已经走到这个程度,不全球化、不工业化,还有别的出路吗?小国寡民或许曾经是一种选择,但是,现在已经回不去了。只能往前走,一直走,用发展解决问题。而不是停下来,更不能走回头路——其实,我始终不觉得回头还有路。

  与此同时，反思我们的文化。中华文化当然有无尽的瑰丽宝藏，但是，糟粕也不尽其数。如今到处都在建私塾，国学甚嚣尘上，《论语》被捧到无上高位。所谓传统文化的学习，那是泥沙俱下，金石难分。儒家文化固然不乏闪光的金子，但是仅就依附皇权、罢黜百家独尊儒术这一点就完全让人对其失去了兴趣。所有不以尊重个体生命的高贵与独立为基本出发点的文化，在我眼里，都乏善可陈。"君君臣臣，父父子子，君叫臣死，臣不得不死"的儒家，哪有什么对个体的尊重？在这样的时代，还提倡儒家，真不知是无知还是居心叵测。

  只有基于对每一个个体保护、理解与尊重，社会的大治与安宁才有求取的可能。

  当然，这很难。但是，只要开始，就必能到达。

母亲啊,出手吧

《环球时报》2011年8月12日的社评表示:"当前人类面临对政治制度的空前困惑。世界各地的混乱,从本质上说都是政治上的迷惘。阿拉伯之春的目标是民主,而民主国家美国和欧洲在付出政治制度软弱无力的另类代价。"中国社会的困惑也在互联网上表现得淋漓尽致。

乱象,致使全世界到处都是批评者,每个人都觉得社会亏欠自己,每个人都觉得别人错漏百出只有自己才是对的。可是,以心平气和的眼光看去,没有谁纯洁无辜,没有谁是真理的形象大使。都缺欠,都执著,至多不过是盲人摸象,虽然对,但只是局部,并不能代表真理本身,更不能成为万人可作规矩的典范。

世界一片混乱。

怎么办?生活总得继续。当全球金融出现系统性风险、世界大国的政治选择出现困惑,当智者们都变成迷惘者,普通的人、平凡的个体应该如何选择?

——让母亲出手吧。以母亲的心,保持定力,相信世界正常的逻辑总会到来。保护好自己家的孩子们,安然地过好柴米油盐的日子。

不管外面有多么热闹,不管全世界都在怎么造,好像一副明天就不过了、今天且狂欢的轻狂模样,作为母亲,确信:日子会得继续,混乱总会过去,世界的正常逻辑一定到来。所以，该做功课的做功课，该买菜的买菜，该积蓄的照样积蓄。这个世界从来没有哪一天是完美无缺的，过往的混乱怎么过去的，今天的难堪还会怎么过去。作为母亲，相信繁衍生息才是永恒不变的世界规律，过日子才是生命本来的原初意义。所以，过日子，别的，少说。日子总得往下过，也总能往下过。

是，有人靠魔鬼般的冒险精神，钻制度的空子发了横财，看起来好像几辈子都活在金山里。但是，我的孩子啊，你还是接着背单词、学奥数吧。我相信大多数人的普通生活要靠正常的努力来维系，超越常规的获得背后必有超越常规的付出，我们只看得见贼吃肉而看不见贼挨打。不必羡慕那些传奇故事的主角，无限风光的背后有怎样的黑暗，天晓得。而你，我的儿子，请你好好念书，认真做人，谋一个踏踏实实的职业，稳稳当当地过日子。

作为看热闹的路人甲，我喜欢听闻传奇故事，但是，作为母亲，我只相信水滴石穿式的笨努力。

别跟我说富贵险中求，我相信，总有阳光下的美好生活等待人们去追求。我的孩子，当外面风平浪静的时候，妈妈放你出去周游世界，行万里路；当世界混沌不堪的时候，请回家静心读万卷书，等待雨过天晴。妈妈相信，并且始终相信：世界的正常逻辑总会到来。

女人啊，你学习了吗？

偶尔看到这样的新闻：亿万富豪或者某官员自杀，原因当然无比复杂，我的疑问是：他有妻子吗？如果有，她如何面对？之前，他与她沟通过吗？他信任她吗？

也看到过这样的新闻：亿万富豪或某官员斥巨资进名校学习，或者拜文化大师为师，我也会产生问题：他有妻子吗？他的妻子对此持何态度？她有否也学习？在他不断提升自己的眼界、人脉与修养的同时，她在做什么？

新闻里当然找不到我想要的答案，但是，网络——特别是婚姻家庭类的论坛却给出了另外一些耐人寻味的信息——打开任何一个婚姻家庭类的论坛，都会看到有女人在哭诉：我们曾经一起苦苦打拼，而今他事业有成，却在外面搞七捻八，我应该怎么办？也许，这个妻子不是那个妻子。但是，万一，是呢？从旁观者的角度看去，她固然不幸，他固然负情寡义，但是，他们之间确实存在不匹配的问题——她没有跟上他前进的步伐。至于为什么没跟上，原因固然复杂，但是，裂痕却已成事实。

婚姻的双方本是一体，却又各自独立。一方奋勇前行的时候，一方如果停滞不前，怎么可能和谐？是的，他斥巨资进名校学习或者拜文化大师为师的时候，你不一定要做他的同班同学或者师妹，但是，你必须也得学习。不一定也要深夜背诵MBA的教材，你起码要学习怎么样跟他对话。是的,对话——你不一定要持跟他同样的观点,但必须是在同一个高度。怎么达到这一点,路径万千,你可自选,但是,你不可以不选,不可以停下,否则,你就会被他落下。

他在外面呼朋引伴、从三人行中找师、从朋友身上汲取营养的时候,你是否也从自己的日常生活中找寻了生活的真谛、领悟了生命的本真呢?成长没有边界,学习不一定要走单一路径,只是,你不可以不学习,你不可以不成长。

早早地自我封闭,一直躺在爱情最初的功劳簿上不思进取,然后寄望于对方良心发现,不但高估了自己爱情最初的能量,也低估了对方进化的力量。

做人妻子,婚礼那一刻只是开始,漫长的生涯中,需要时时学习,不断成长。他不断攻城掠地、杀伐决断的时候,你是否给铁骑踏过的小草以养护——为他消业祈福?他挥泪斩马谡的时候,你是否为他递过纸巾,并为他轻声诵经?他大宴宾朋、舌战群雄的时候,你是否私下里替他道歉、替他照拂曾经的故旧亲朋?

你和他是一体,所以,不必追求同样的成长目标——何必浪费?但是,成长的速度应该是同样的指标;你和他是各自独立的个体,所以,不必遵循同样的成长路径——女人何苦做副男人?但是,成长的意愿应该是一样的强烈。

女人啊,学习吧,成长吧,当你成长为最好的你自己的时候,你才可能成为一个好妻子。否则,指望他人的垂怜、法律的制裁,这样的感情有何意义?这样的人生有何价值?

永爱自己,不断地带着自己向高处进发,做优秀的人——做好女人——做好妻子。

沉默，还有学坏

现在，我很少批评别人，因为担心批评别人的同时，另外的人看到的是自己在这个问题上的敏感和无能。所以，有什么问题，我看到了，心知就行了，从不开口置评。

是的，学会沉默，是时间的文凭。拿不到这个毕业证，时间之课就没学好。

在看季羡林的儿子季承写的《我和父亲季羡林》。这书不错，作为儿子写父亲，能写得这么隐忍而真实，这么冷静而深情，不容易了。今后的子辈回忆父辈的文章，怕是得以此为标杆了。

作为拿他人的悲苦人生充盈自己闲暇时光的漠不关心的读者，我自然眼毒心冷，所以看得到那里面人性的悲凉，遗传的可怕，命运的公义。但是，不敢写出来。看到就看到了吧，压在心里算了，写出来，不敢了。我是越来越禁忌繁多了。现在，禁忌的一条是：不说他人的缺点。怕一说，那缺点就从人家那儿跑我身上来了。这些年的人生经验发现：凡是说人短处者，几乎像魔咒一样很快就拥有那缺点。比如：季承说他父亲季羡林的性格缺陷，其实，我从书里看出，他自己几乎如数皆备。所以，古语有云：闲谈莫论他人短长，空聊不讲别人是非。不是为他人，而是为自己啊。

又看《失乐园》、《复乐园》,早年也看过,这次据说是出了全译本,各类名家阅读专栏推介得神乎其神的,我这么爱赶时髦的人,自然又重新买了来看,却发现不过尔尔。尤其是那些写两性关系的文字,看得我扑哧直笑:就这,就叫好了?就叫惊为天人的写作了?也太眼皮子浅了吧?合着是各位没吃过肉也见过动物跑吧?至于这么穷酸么?咱都什么年纪了,谁还没见过点什么呀?拿这来赚稿费博人气,当然无可指摘,可若说这就叫好,那也太不把出气儿的当活人了吧?

其实真说看书,我们最终看的是命运,是悲情,是人心,这点子事,说破大天儿去,也就那么点儿,如果真有人以为靠这个能写成一曹雪芹来,那我只好说:您真没文化。回家洗洗睡吧。

——这个,我不怕说坏话,因为我压根儿没想写这种东西,所以不怕报应——如果报应是我说人家写得不好以至我也写不好——谁怕这个呀,本小姐一辈子也不会写这种东西的,所以,不怕报应来,敢信口胡说。嘿嘿,有恃无恐。

又:姐来看我,看到我书架上的那些讲两性关系的书,大吃一惊:"小妹,你怎么可以看这样的书?我再没想到,你会看这样的书。"我笑:"那怎么了?你怕我学坏?你以为我看什么呢?"她说:"我以为你只看《安徒生童话》和《读者文摘》的。怕是家里谁也想不到你会看这样的书。"我哈哈大笑,随手拿下那些书,递给她:"我什么书都看,我都快四十啦,姐,你不用担心我会看了这些书就学坏。我要真学坏,用不着等到这个时候,也用不着看这些书。这些,不过是书而已,教不坏我的。"姐依然一副欲言又止、忧心忡忡的样子,看得我狂乐。在至亲的家人心里,我永远是那个背着书包、梳着高高的马尾巴辫子的中学生,单纯而幼稚,看了一本书就会上当——哈哈哈,怎么可能?因为他们爱我,就觉得我小、单纯、易上当,他们不肯相信,我已然这么老了,老到谁都教不坏我了,何况区区两本书。但是,我还是愿意他们觉得我小、单纯、易上当。有人这样担心我,感觉好极了。

陈年难过

整理柜子,翻出一双高跟鞋,巨高,鞋又很新,分明是没怎么穿过的。我怎么会买这样的鞋?我几乎是不穿高跟鞋的啊。细细想去,想出一段陈年旧事。

那一次,被不公平对待了,心情不好。于是买了一双8分跟的鞋,本来脚就不大,再穿这么高的鞋,活活是在踩高跷。现在想去,那又何苦?

那日,犹记得吃了几乎半瓶黑巧克力酱,吃完后心里和嘴里、气管、还有肚子感觉统统在发齁。现在想去,那又何苦?

那晚半夜三更不睡觉,使劲儿听伤情的歌,越听越不开心,一个劲地跟自己讨论生命的意义。现在想去,那又何苦?

那又何苦?

你要问了:为什么不找人说说?能说吗?不能说。随着年纪渐长,总是自诫:无论遇上什么让自己不开心的事,都不能开口,谁有多余的精力出借耳朵听你诉苦?自己有能力解决,去解决;没能力解决,就忍。一忍再忍,忍无可忍,从头再忍。

于是,忍成了那样。

后来,从一个很有智慧的女子深圳闲人的博客里看来几句话:"人生的大部分场合,我们不是令出如山的主公,我们也不是有制度和婚书做保的原配，我们只是有付出没名份、有希望没保障的'小三'，而做'小三'的法宝是：一要听话，二要耐心，三要懂得等候时机。"

而那一次，我在那件事上，连"小三"都不是，根本就是一个"通房大丫头"啊。有义务没名份，台前幕后两头做事，还被别的只出人不出力的"小丫头们"笑。现在想去，那又何苦？

哎，可怜的"通房大丫头"啊，经此一役，深深理解了袭人的苦。

曹公仁德，最后还是给了袭人一个好的归宿。蒋玉涵那样的有前缘有情义的人等着，怜惜万分，合家上下皆以夫人呼之。曹公或者高公真是仁德之人。

袭人从"通房大丫头"到"小妾"再到"夫人"，这一步一叩首，步步是辛酸啊。个中滋味，岂是说得来的？

饶是如此，还被宝玉说成"你袭人姐姐是靠不住的"，让袭人上哪里说理去？

与袭人同为贾府下人的赖大嬷嬷在孙子当上知府后说："哥儿啊，你锦衣玉食地，哪里知道奴才两个字是怎么写的。"

衔玉而诞的"宝玉们"如何能理解"通房大丫头"五个字是如何写的？

不身临其境，谁又能理解谁的苦？

而我在今时想及此事，虽事隔多年，因缘已过，那一点子伤心犹在。

都说华服美靴是女人的战服，有时候，高跟鞋只是一段伤情所寄。

收起高跟鞋，收起陈年的难过。

启　蒙

我不记得是如何开始给儿子启蒙的——这说明，我从来没有有意识地给儿子启过蒙，我只是在自己读什么书时随口给他讲讲我看到的书。这几年，因为工作的关系，我看得比较多的是明史、清史以及世界经济方向的著作。于是，睡觉前、走路时，我就把我心里所思、脑中所记随口跟他说说。

既然讲明史，就得稍带着讲讲中国历史的主线，以便他理解；既然讲世界经济，就得稍带着讲讲世界地理，否则他没办法理解国际贸易和国际经济合作为什么要发生。讲世界地理么，就得讲讲世界三大文明，及世界三大宗教，民族的形成与差异什么的。所以，这些年，乱七八糟地给儿子讲了N多他这个年龄不需要知道的东西。当然，他也很感兴趣。

与此同时，他爸爸总是给他讲兵器知识，从冷兵器时代的主要武器一直讲到当今世界最先进的武器，中美武力差距什么的。

他自己对动物知识很感兴趣。讲起什么纲、什么目、什么科，头头是道。

就这样，概括一下，这三大块构成了他的启蒙：世界经济史，兵器史，还有动物学。而大多数孩子启蒙的《三字经》、《论语》、《古文观止》我们都没有涉及，也很少看格林童话什么的。我们也不太重视英语。因为我觉得逻辑的学习要远远重于语言的学习。而逻辑的学习,除了掌握良好的母语,没别的途径。至于外语,不过是作为工具来用,到用的时候,突击一下就行了。把大好的童年时光用于学习外语,在我看来,是很得不偿失的一件事。(当然,还有两个重要原因,一是我懒,不愿意费劲帮孩子学鬼语;二是我自己的英语就很烂,不好意思在孩子面前露怯。)

现在,他上三年级了,我们也报班,主要是奥数。虽然现在对奥数批得很厉害,但是我们还是愿意他学一点。因为奥数的学习,主要也是一个逻辑的形成过程,通过学习奥数,他能掌握逻辑之道,这个对他的一生都是有帮助的。至于分数,我们倒不是很在乎。他每次上奥数课,我会跟他一起上,听起来很有意思。回家后,我就跟他一起做题,觉得很有意思。不要求他掌握老师讲的每一种方法,而是学习一种内在的逻辑。这个,必须要假以时日。

也许,我们重视逻辑的认识是比较正确的,表现出来的结果就是:一,他的理解能力很强。语文课上凡是做阅读理解的题,他完全应付自如,有些我都犯迷糊的题,他一点儿犹豫都不会有。二,他的写作能力不错。他写的作文,已经可以称之为小小说了,有人物,有对话,有铺陈,有高潮,还有符合故事逻辑的结局。

当然,我们这样的教育方式,也有一个很突出的后果,不知是好是坏,那就是:他很小大人儿。他不喜欢看儿童读物,觉得很幼稚;他的表达方式都是书面用语,而不是小孩子常有的可爱的童言趣语。这个,说不上是好是坏,起码眼前我们无法下定论。

　　这些,都谈不上育儿经验,只能说是生活方式。我们这个家就是这样的生活方式,如好,孩子受益;若不好,他也只能承受,小孩子没得选。我们自己一方面战战兢兢,生怕辜负了孩子;一方面,要说做多大的改变,也不太可能。

　　每个孩子都是一个家庭生活方式的最集中体现,有什么样的父母,就有什么样的家庭,有什么样的家庭,就有什么样的教育及其后果,即孩子。所以,法国大革命时伟大的启蒙学者卢梭说:"对一个孩子的教育,要从20前年开始——从他的母亲开始。"就是这个意思吧。

　　注:最近,跟他讲世界三大宗教及其基本教义,鼓励他用一句话来形容心中所感,搞得他若有所思的样子。我总相信,宗教是人类文明中非常璀灿的部分,如果对这一部分无知,将是个人精神世界建构中非常遗憾的缺失。所以,我的小人儿就总是一边看《从达尔文到DNA》,一边听妈妈讲世界三大宗教对现代人精神世界的影响。那么,未来,在某个需要的时候,他会知道,这个世界上曾经存在过那么辉煌灿烂的文化,从而他会对这个世界更多敬畏、更多喜爱吧?

侍候肉身

一女友,做到某外企的中高层,事业不错,收入良好,家境傲人,如沐春风。一日,找我,约我去做经络推拿。我们十多年的交情,虽然平日往来不多,总是相互知道的。她既相约,我便欣然前往,一则为友情,二则,土土的我也渴望知道时尚人物们最新的生活方式。

在金融街的一个高档居民小区里,甫一进去,我便暗自吃惊:寸土寸金的金融街,竟有这等浪费空间的低密度住宅,任你外面车水马龙,这里安静得直如世外桃源。真是哪里都有好生活,不知道只是自己生活层次低,而不是此间没有。

待得我们进到目的地,阔大的屋子里装修良好,工作人员已微笑着请我们更衣。我扭扭捏捏,怎么也不好意思在别人的房间里卸下装备,女友笑着做示范,无奈之下只好从命。然后我们换上人家提供的衣服,躺倒,等技师来。先进来一个眉清目秀的小伙子,我更加不安:要知道我只穿着一件人家提供的工作服,又知道这技师是要直接接触皮肤的,我怎么可能接受一个陌生的男孩子将他的双手放在我的身上?不行,思想上受不了这个。女友知道我的窘境,笑着说:"这是我的技师,一会儿找个大嫂给你做,好吧?"我这才松了一口气。果然,一会儿进来一个约摸四十来岁的粗壮的大嫂,问过好,开始推拿。是,果然是她的手要接触到我的身体。特别是上油的时候，我背卧，她的双手全部接触到我的肌肤，甚至包括臀部。背面做完，做正面，包括胸部。这个，我实在接受不了，我不能接受任何他人的手接触我的胸部。大嫂吃惊于我的老土和古怪，将嘲笑隐忍成礼貌，说："这是经络推拿啊，都这样的，您看您的朋友。"我看到女友正面朝上，正由技师推拿。她很安然享受的样子，那个小伙子也一副聚精会神工作的状态。但是，但是，我心思不健康，我马上想到：怎么可以？怎么可以让另一个男子的双手推拿自己的胸部？我终于忍不住，小声道："你老来？"女友闭着眼，以一种非常享受的口气说："是，不光我，好多人都愿意来这儿，他们的手艺不错，那谁、那谁，还有那谁谁谁，都老来。推拿推拿，对身体和精神都不错。一会儿做完你会看到，整个人精神焕发。"我不知说什么，等了一会儿，对大嫂说："大嫂，不好意思，我瘦，受不了力，怕疼，做不了这个，咱不做了行吧？我还按全套付费就是了。"大嫂大概也明白我的土气与小家子气，笑了一下，继续隐忍着礼貌地说："随您。只是，习惯了就好。您经常来我们这儿看看，就会适应的。"

女友做完，我们一起去吃宵夜，我看到，她果然容光焕发，意兴盎然。我说："现在的人，真是太享受了。"女友笑道："你呀，也要学会对自己好。光赚钱不花，对自己不公平。花掉的才是你的，银行的存款不定是谁的。"是的，这个道理我知道。看着她满脸的惬意，甚至某种尽欢过后才有的愉悦，我忽然明白了，为什么那么多人喜欢按摩，那自有无法言说的意趣。现在的女人们太知道如何享受了。这个世上，人们越来越会侍候自己的肉身了。

不知怎的，忽然想到香港作家亦舒的一句话：不管不顾，一脚踏进未卜之地，是因为智力不够？不，只是贪恋那一点点被人宠爱的温柔。

经络推拿是不是真的有医学价值，我不知道，但是，我知道，推拿时的被抚摸、被照顾、被侍候的舒适，太能给人以某种渴望的温柔，那是一种令人迷醉的温柔。我对自己说：我以后再也不会去做这样的推拿了，我的肉身不可以这么被侍候。我怕它一经享受，从此贪恋，而这样的温柔，是应该享受的吗？别人，我不好判断，但是，我自己，不要了。

经络不通，就不通吧，时间到了，自然要衰老，生老病死，原本自然，不必过分爱惜自己。若想要健康，从明天起，开始跑步吧。

现在的小孩儿

儿子这个期末是区里统考,老师很重视,让家长做好辅导。于是,周末,我狠狠地辅导了一下,特别是一些他易错的形近字,比如:滴、商、摘。辅导完后,孩子上学了,我们这对父母就"放羊"了。昨晚,我们这对父母去K歌,看到大屏幕上出现的歌词,我傻眼了:我辅导错了,我把滴字的右下方的"古"字辅导成了"谷"!这是多么重大的错误,万一考了这个字,岂不是我误了自己的儿子。

于是,第二天中午,趁午间休息,飞奔到学校,请老师把他叫出来,重新辅导:"宝,妈妈有个字给你辅导错了",话没说完,他轻声说:"我知道了,是滴字吧?里面是个'古'字对不对?我已经知道了。"我很吃惊:"你怎么知道的?"他继续轻言细语:"您辅导完后我就觉得不对劲,找了语文书来看,发现是这样的,又查了一下《现代汉语大辞典》,确认了一下。"我更加吃惊:"你怎么没告诉妈妈?"他轻轻笑了一下:"一点小事,说什么。自己知道就行了,还说什么。"

我忍不住在他娇嫩的小脸上狠狠地亲了一口,叫了一声:"你是妈妈的一字师。"他不在意地笑笑:"也没有啦,这个字您肯定会的,只不过一时忘记了。"我继续抒情:"不,不止这样。如果是你搞错了,妈妈像你一样发现错了并改正过了,妈妈一定会唠叨很多遍的,直到把你烦死。你却一声不说,实在是值得妈妈向你学习。"他继续微笑:"没事了吧?我进去了。还要上课呢。"——对表扬都这么淡定,实在是太淡定了。现在的小孩儿,真神啊。

至大的担心与无事生非

至大的担心

人生,有很多担心,说不得,写不出,却时时在心里,一念及处,烦忧无比。

比如:

亦舒的书看完了怎么办?

王朔再也不写了怎么办?

新浪微博平台爆掉了怎么办?

农民种地的积极性再也没有了怎么办?

人生百年时,常怀千岁忧。

无事生非

都说戏台底下淌眼泪,替古人担忧。

那天,我们家就上演了这么一出。

我在看《瞭望》对白先勇的访谈,外子走过来瞄了一眼,然后说:"这媒体真是没得写了是吧?这种人也跑出来谈文学,我看采访你都比采访他强。"

我有一点儿不高兴:"瞎说什么呀你?当代文学史上白先勇是珠穆朗玛知不知道?"

他有点儿诧异:"是吗?我怎么不知道?"

我耐心加以普及:"《永远的尹雪艳》、《金大班的最后一夜》都是他写的,当代文学史避得开他吗?"

他继续无知:"金大班有什么呀?堕落女人,无耻行径,这就是文学吗?巴金那样的才叫文学家。"

我火大了:"呸,你懂什么叫文学吗?你只见过些政治启蒙懂不懂?无知、野蛮,你还是看你的《人民日报》去吧,你不配谈文学,甭跟我这儿添恶心。"

他也火了:"越来越不像话了,越来越低级趣味了,文学的人民性呢?文学的普世性呢?一帮舞女能代表广大劳动人民吗?写她们就是好文学,写人民就是粗蠢啊?"

我已经气得说不出话了,顺手把书给扔了。

他也气得摔门出去了。

很久,我气消了,他也回来了,一进门,看到我,笑笑地说:"给你买老酸奶了。"我轻轻接过,亲了一下他的脸,说:"对不起,我刚才发神经。"

他不说什么,也笑。

再想想,这大晚上的,我们折腾什么呀?为这种事儿吵架,这日子过得,纯粹是无事生非啊。

但是,心里,有一个女人在爱人身旁低低的,低到尘埃里开出花的欢喜。

人生的忧虑有多么重,这一点子欢喜就有多么纯粹。

人生的义务

像所有自诩现代、都市化、推崇优质生活的写字楼女人一样,我对走亲访友有一种本能的畏难。总觉得结交亲戚、探访故人又麻烦又劳累,既搭时间又搭精力,又没有什么实际产出,所以,能推就推、能躲就躲。年纪渐长,慢慢省悟:这也是人生的义务之一。照拂亲友、探访故旧,是人生的义务,不是社会学意义上的"苛捐杂税"。一个成熟的人,在做好自己的同时,有义务当别人生命的装饰品,为他人的窗前添风景。我们谁都不是孤岛,每个人都与他人有千丝万缕的缘分,凭着无情之剑斩断所有的情分,并不是了悟,而是不尽责。并不可取。

暑期休假,携儿子陪父母回到阔别多年的老家省亲。我们青海人本就重视亲友间的应酬往来,我们家又亲戚众多,再加上父母已有近十年未曾回来过,所以这一趟回去,串亲访友任务繁重。妈妈告诉我:需要上门拜访的近亲多达48家,电话寒暄、短信联系的就更是不计其数了。老太太叮嘱我务必要耐烦,不得嫌累,不得中途逃跑——她知我素来怕应酬,提前给我打预防针。

从到达的第二天起,串亲访友的浩大工程就开始了。先是我们上人家家里拜访,然后人家回请我们——或是吃饭,或是郊游,反正总要有个来回的。

走了三两家,我就不行了。觉得累,身累心也累。要到处跑动,要跟人寒暄,要始终笑脸盈盈。三两天下来,我就有点受不了了。跟妈妈悄悄说,妈妈笑了:"那你就先回北京吧。孩子留下。"

我就先逃跑了。回来,却又挂念那老的小的,就没完没了地给他们打电话。老人家很高兴,每天不亦乐乎的样子;小人家好像也不错,虽然时不时挑剔一下当地的交通、人文素质,但总的来说还是喜欢的。

听他们以乐呵呵的口吻述说自己的繁忙活动,我心里就点儿惭愧:按说中年人是最能吃苦的,岂料我这个中年人最是轻佻。一点点忙累就受不得,就先径自逃跑。瞧老人家们和小人家们,多么安之若素,多么顺应生活,真应该向他们学习。

串亲访友,也是人生的义务,也应该做好的。下次吧,争取下次做好。

给孩子一个好的童年　给未来一个好的开始

无法不用童年影响论来解析人生——谁叫我们生在弗洛伊德的身后——在任何一个婚姻家庭类的论坛，或者博客上多看几眼，就会发现：所有的案例都告诉我们——弗洛伊德也这么说：每个人成年后的不幸与怪癖都与童年的伤害有关。如果他（她）曾经被虐待，那么，他（她）只要有能力与机会，也会施暴于他人；如果他（她）自私、喜怒无常，幼小时必不曾被人爱惜。

……

而伤害与人生如影随形。弗洛伊德更是说过：即使生长在再慈爱无比的双亲身边，孩子也会有来自家庭的伤害——好像人生所有的不幸都与童年有关。

那么，如果有一个被爱惜的童年，是不是就比较不那么错乱于成年？如果成年比较好，是不是更会爱惜别人的童年？那么，如果一代人都比较少受童年的伤害，这一代人成年后就会孕育一个更好的社会？一个好的社会，会教养出更多好的公民？这种假设成立吗？这种设想可实施吗？

恐怕很难。一个社会的进步不会是一刀切，即使经济再发达、制度再优越，一个社会总会有阳光照不到的死角。很难保证每个人都享受到社会所能提供的优越性。再强大的政府、再完善的制度都无法保证人人皆幸福。被视为当代最优秀的政治家的新加坡资政李光耀说过:"再好的制度下,一个社会都有5%左右的人会落后于时代。而他们,是整个社会的蓄水池,或者是警报器。"

再完善的制度设计都无法代替内在的精神性的建设。再完备的社会监管都无法介入个体的精神生活及其仰赖的家庭内部。一个人在家庭内部受到的爱与伤害很多时候与社会环境整体的进步与完善之间并没有关系。如果不从内在的精神内核建设上入手,再完美的制度都无法给我们完美的生活。所以,在政治家、精英们致力于以制度设计和技术进步推动这个世界向更好的方向发展之际,作为一个家庭的主妇、作为一个孩子的母亲,我倾向于精神内核和价值观的建设。如果每个妻子、每个母亲都能让自己在精神方面更健康,在价值观建设方面更具普世性,那么这个家庭、这个族群可能就会更积极、更友善、更正向。创建一个好的家庭,培养一个好孩子,维系一个好的家族,护佑一群年轻人,我们的社会肯定会更阳光、更美好。

西方有谚:"家,是幸福的'枷'",又说"家庭是会伤人的"。常常可以看到这样的新闻:在制度高度完备的北美与北欧,也有惊人的不伦与伤害发生在家庭内部,而它们几乎构成西方非群体性事件中最具典型和破坏力的社会新闻。那种时候,制度显得那么无力——除了事后的惩罚;高科学高技术显得毫无意义——除了论证罪恶的不可赦。家庭内部的事,远不是靠外在的东西可以监管的。家庭内部,除了每个人内心的道德自律,每个成员的精神内核的建设,现有的世界里,我们几乎找不到别的途径。

今天的中国社会正在发展成新兴经济大国,甚至有与美国并成东西双雄之势。各种研讨制度设计与高科学高技术发展的学科都成为显学,全社会热衷于探讨最好的制度、最好的技术,这当然很好,很有必要。但是,我更想说:关注精神层面的东西吧,投更多的资源与热情于精神内核的建设吧。对一个家庭来说,温饱足不足,母亲的庇护都是最大的仰赖;对一个民族来说,经济、军事强不强,妇女的发展都决定着子孙后代的素质与福祉。

关注母亲的精神世界,关注家庭内部的精神建设,其意义至少不比制度设计和高科技的发展稍逊,如果不比它们更重要的话。如果我们想要一个美好的未来,今天,就要给一代女性幸福——因为她们会给一代孩子以幸福,而他们,就是未来。

所以,请从制度上保证女性、母亲的权益吧,如果不向她们倾斜,至少不能从她们身上掠夺。请从技术发展的角度,给女性以更多的关爱与推动吧,她们享有母亲的天权,会直接影响未来的技术推动者们的人生。

最最重要的是,男人啊,请善待你的妻子、你的姐妹、你的母亲和你的女儿。你的这些女性家庭成员的快乐与幸福不仅仅是她自己的获益,而是你的家庭的福祉所在。——这个,比其他所有的加起来都更重要。

不以丈夫为事业

有个教人制作美食的博客，一直以来都很受欢迎，但是，近期，这个博客却和我的好友Miss南干上架了，原因是：这个博客宣称：如果你学会做哪道哪道菜，就可以抓住丈夫的胃，继而抓住丈夫的心，就不必担心他去找"小三"啦，就可以家庭稳固、婚姻安定啦。Miss南痛斥道：你教人做菜么，就好好地教人做菜，做什么老是要人家抓住丈夫的这个那个的，不抓住丈夫的这个那个，女人就会死么？

看得我好痛快！因为我也是这么想的。为什么非要抓住丈夫的这个那个？我们学做美食，是爱美食，是享受生活，是让自己更丰富，而不是为了抓住丈夫。我们学会一切本领的目的不是为了丈夫，再说，丈夫也不是一个山头，非要占领而后快。他是一个人啊，一个有自己审美的人，一个可以自行决定喜欢什么、拒绝什么的自由人。为什么非要抓住他呢？为什么非要以他为目的呢？而且，一个轻易可以用美食或者别的什么抓住的男人，值得去抓么？

现在，市面上好多这种说法，教你学做什么什么，然后你就可以抓住的心丈夫的胃、丈夫的什么和什么啦，好像女人学会一切本领的目的就是为了男人。这都什么乱七八糟的！

这种自动地放低自己的人格，将自己降到行动手段的说法，近年来颇为流行。应该是有现实原因的，那就是女人间关于丈夫、关于男人的竞争已经激烈到如此程度，大家不惜以如此惨烈的方式进行低段位交锋。看看网上、看看周边，"小三"遍地、离婚成风，而单身的生活无论从物质还是精神，又都如此缺乏保障。所以，竞争便如此白热化，真是到了白刀子进去、红刀子出来的巷战的地步了。看得让人深感悲伤。

女人因为自身在社会成就与经济地位上的弱势，而对男性抱有情感和认识上的膜拜，而这种膜拜又以降低自身的人格独立性与层阶平等性的方式表现。具体来说，就是"抢男人"，并且相互间以恶性竞争的方式来"抢"。所以，就有了种种以男人，具体一点就是以丈夫为目标的"抓住"指南。

夫妇间、男女间的相处不再以相互的欣赏、喜爱为动力，而是变成了猎人与猎物的追逐活动，这是女人的悲哀，又何尝是男人的幸福？男人不应该是女人的目标，女人也不应该是男人的手段，大家都是独立存在的主体，互为因果，这才是一段健康的男女关系。

让我们学会制作美食吧，只是为了让我们自己更丰富；让我们相互交流吧，只是为了让我们自己更多彩。这一切，与男人无关，与丈夫无关。虽然我们爱他们，但是，他们不是我们的事业，他们，只是我们的爱侣。仅此而已。

世界很糟糕,我们且沉默

来自世界银行的数据显示:2010年全世界人均GDP 8000—9000美元,如果有个理想的制度,全人类都可以过上丰衣足食、安居乐业的生活。可现实世界却如此残酷:朱门酒肉臭,路有冻死骨。不是上帝只把财富给了其中一小部分人,而是因为人与人之间漫无边界、永无止境的利益冲突导致这个世界的动荡不安。

如果把相互算计变为相互帮助,这个世界出产的物资足以让每个人过上好的生活。造物主给的足够多,我们自己分的不均匀。改变人类这种相互算计的思维显然是痴人说梦,那么,就退而求其次,沉默着做好自己的事,一心一意搞好自己内心、家庭、族群的建设。不在乎他们说什么、做什么,等到世界的正常逻辑到来的时候,我们就可以拿出自己对这个世界的献礼了。

2011年,全世界到处动荡,占领运动如火如荼,我对自己和我的家族的孩子们说:既然不懂,就不要贸然行事。所有的轰轰烈烈最终的目的是为了让大多数普通人过上好日子,如果你现在正在过,为什么要破坏?退一万步,你愿意放弃自己的安逸而为他人的幸福去摧毁现有的不公,那么,即使在摧毁中,也要为了未来的重建而做好事前一点一滴的安排与建构。我们且从事后者如何?

当男人、当伟人热衷于制度建设,作为女人、作为母亲,我倾向于精神内核的筑造。再好的制度,再完美无缺的律政,如果没有从善的人心,都不会有完美的结果呈现。

见多了那种站在高处振臂一呼应者云集的英雄,在公众面前以大众福祉的带领人自居,向万众布道,而对自己家人冷漠如铁,毫不尽责;

也不少见那种批评社会、批评政府、批评他人的政论家,说起社会痼疾、当世弊病,头头是道、心胸清明,而他自己的女人和孩子在家里哀哀哭泣、痛不欲生;

处处可见那种热衷于制度设计、敏于规范建设的时代精英,批驳社会机器运转的小瑕疵、痛斥身处其中的社会顽疾时,都是一派以法律至上、以制度说话的时代潮流范儿,自己在微博上胡说八道、四处乱来之际,就恨不能身在水泊梁山、吾乃瓦岗寨英雄。

作为女人、作为母亲,在各种大而无当的理论、新而又新的说辞面前,我还是更相信天性中的善良、慈悲,相信一屋不扫何以扫天下,相信比起各种时髦论说而言,家庭的温馨、夫妻的感情、父母的庇护才是更为根本的东西。

一个照拂妻子、儿女的家长,一个善待邻居的住户,一个亲厚同学、友爱朋友的男人,我相信坏也坏到哪儿去;反之,一个虐待妻儿、伤害近亲、为恶四邻的"英雄",我很难相信他推崇的理论与制度会救济世人。

我们可以不说破,但是并不表示我们相信;我们可以不辩论,但是并不表示我们接受。

我们沉默着,一心一意地过着自己的日子,看他们以各种说辞粉墨登场,你方唱罢我就上。我们只是怀着平安、喜乐的心,过着日子,买着菜、擦着地、煮着饭,过着,等着,迎候和安享真正的人心换回的好日子。

尊重是最好的修养

夏天的时候,跟团去了一趟大雁塔所在的西安大慈恩寺。在进门之前,导游微笑着说:"进去后,如果信,您就拜拜;如果不信,请您四处看看,但是务必请您缄口。入乡随俗,即便不随,在这里,请保持尊重。佛门之地,缄口为贵。"

当即对大慈恩寺,乃至整个西安城刮目相看。端得是有文化的城市,一介普通导游,说的这番话,多么有修养,多么有价值。

是的,不光是佛门之地的大慈恩寺,进了天主教堂、基督教堂、清真寺,信,可以按规矩行礼仪;不信,敬请缄口。如果不知高低,肆意品评、任意妄为,不但不显得博学,相反,令人厌恶。

如果不喜欢,尽可以不去;去了,不入乡随俗,还要批评,实在可恶。犹太人的经典《塔木德》里说:"不要在哭泣的人群中发笑;不要在大笑的人群中哭泣。"说的就是人要入化于自己所处的环境,不要自命清高,不要自鸣得意,保持所谓的"独立",好像众人皆糊涂独你最清醒一样。

在宗教场合是这样,生活中、网络上,也当如此。

如果有人改了名、换了身份,那么,不必四处广告你知他(她)的旧名、你见过他(她)旧时的相貌,人家想重新来过,请成全。没有人不知道,大家都知道,如果你说破，并不显得你聪明，而是显得你可恶。所以，请缄口。

如果有人不再提往事，避而不与你相见，那么，就当自己也喝了孟婆汤，前尘后事统统已遗忘，就当从来没见过那个人，就当从来没发生那些事，转身而去，闭口不提。尊重别人，成全别人，从而保全自己、护佑自己。

尊重是修养，是最好的修养。与人交往，尊重为先。你可以不同意，但是，请尊重；你可以不喜欢，但是请尊重。实在接受不了，还有离开这最后的退路。何苦要将别人逼得无可遁形，从而与你兵戎相见？不把他人逼入无可回转的绝境，不将自己置于他人杀机顿现的危险之境。给别人回转的机会，其实是给自己从容离开的机会。尊重他人，保护自己。

尊重是最好的修养。

北京生活

我在北京生活了二十年了,从十八九岁到近四十岁——从青年到壮年,人生最丰硕、最有创造力、最有激情、最有感应能力的二十年。这二十年,我一直努力学习过北京生活。

不,我说的不是在北京买套房——虽然一套北京四环内的房子在当今中国人的心里还是很有分量感的,但是,我从没觉得那值得当生活中的大事来说;

不,我说的也不是绕着舌头拼命说儿化音,以显示自己的北京化——虽然说一口地道的京腔在当今的中国人心里还是很有文化感的,并且,也是一种礼貌——入乡随俗,在一个地方居住,说那个地方的语言,是对这个地方的尊重,也是教养;

不,我说的也不是学会吃焦圈儿、喝豆汁儿,从味蕾开始尝试做一个适应当地生活的人,以表达从胃开始到心,完全接受直至爱上这个城市,以体现个人胸怀上的包容与开放;

我说的,是一种生活方式,一种只有在北京,而不是其他任何城市能感应得到的生活方式。什么意思?就是体现出北京的特色来的那种生活方式。怎么样才能体现出北京特色来呢?好吧,让我们先来讨论一下:北京最大的特色是什么?您肯定要说了:是首都啊,有文化特色啊。对，北京是首都，有浓郁的文化特色，重要的是，有其他任何城市代替不了的文化资源。比如说，北京有近百家博物馆，有许多是国家级的，还有许多甚至是世界级的，有一些即使级别不高，但充满特色。这些文化资源，只能在北京享受，而且价格并不昂贵。那么，如果居住在北京，不去看看这些博物馆，怎么对得起"住在北京"这个事实？我们家每到周末，就去看北京的各种博物馆，有全世界皆知的故宫博物院、国家博物馆、军事博物馆、中国科技馆、中国电影院、中国航天博物馆等等，也有藏在各个小角落的不大为人知的特色博物馆，比如中国钱币博物馆、中国温泉博物馆等等。这些场所面向全体公众，有的收费，有的不收费但需提前预约。但总地来说，除去吃饭、交通等附加消费，博物馆本身的门票并算太贵。还有一些名人故居，都是免费的。它们大多在很清幽的地方，去看看，特别有意思。

　　第二个北京特色是大学多。去逛大学也是一种特别值得提倡的北京生活。这个根本不需门票，当然，要搭一些车费，可能还有饭钱。去大学校园逛，是个特别有意思的活动。我们也常以此为度过周末的好办法。

　　第三个北京特色就是演出多。北京常年有世界各地和全国各省市的演出团体来演出。很多演出除了在北京，在其他地方难得一见，也很值得一试。当然，这个需要花钱，有些还挺贵，但是，也有很便宜的，只要自己认真挑选，也还是能挑到性价比特别好的演出场次。

　　至于购物、餐饮，老实说，我从没觉得北京在这些方面有什么值得推介的。北京的购物环境和餐饮，实在不怎么样（当然，您若特有钱，老去那种寻常百姓根本到不了的神仙地方，那另当别论）。作为普通人，在北京若想享受购物和餐饮方面的好，不太容易。

但是，我并不抱怨，因为这一点儿也影响不了我在北京好好生活。可去看博物馆、可去逛大学、可去看演出，购物差点、吃得差点，那就差点吧，世上哪有十全十美的地方？在北京居住，就要学会北京式的生活，那就是多享受北京作为首都的文化资源，把那全国独此一份儿的好处充分享受到。我想，这才叫聪明的北京式生活。

您居住在哪儿呢？你们那个地方的特色是什么呢？您享受到了吗？

娘亲，爹才亲

有女友离婚，涉及孩子跟谁的问题问我的意见，不敢贸然回答，先翻翻书，再想想老话儿。

犹太人的经典《塔木德》里说：父母离婚后的孩子，孩子若不到6岁，应该由母亲抚养；6岁以上，男孩子由父亲、女孩子由母亲抚养。但如果这样做对孩子不利也可以改变。——这个说法还是很有道理的。

想起母亲告诉我的一个故事：那是上个世纪六十年代初，我们老家一对夫妻离婚，那个年代，离婚还是很少见的。涉及女儿的归属时，作父亲的把一块小手帕别在女儿的衣襟上作为最后的礼物，哭着说："宁遇个后父，莫遇个后娘。跟着你妈，你起码能吃饱饭，跟了我，我怕你将来会饿肚子。"——那个饥荒的年代，能吃饱是人唯一的，也是最高的要求。女人主灶，那么，跟着妈妈确实在吃的方面更有保证一些。而跟了爸爸，爸爸不做饭，在食物匮乏的现实面前，继母能否让前妻的女儿吃饱，确实很难保证。这个作父亲的，还是很有良心的。

也就因为这样吧，我们老家一直有句话，叫：宁舍个当官的爹，莫舍个讨饭的娘——如果非要选择的话。说的就是母亲对孩子最本能、最重要的庇护吧。

现在，离婚问题越来越普遍，孩子的归属问题越来越复杂。无论法律如何规定，从做女人、做母亲的角度出发,我总是希望如果有可能,还是尽量让孩子跟着母亲吧。因为母亲爱孩子的天性,相比于父亲,更本能一些也就更有利于孩子一些。母亲,无论对孩子的父亲是什么态度,爱孩子,总是无条件的。她会把孩子与那个男人分开。她爱孩子,与那个男人无关。而男人,如果不爱一个女人了,则很难爱那个女人生的孩子。一个前夫,如果还爱着前妻生的孩子,其实很大原因是他对前妻尚有感情,如果他不爱那个女人了,恐怕很难爱那个孩子。

古代皇帝总是愿意立宠妃的孩子为储君,而绝不会因为孩子是储君而去宠爱他的母亲。虽然表面上都说在帝王家,那是母以子贵,实际上往往都是子因母而得利。没有受宠爱的母妃的皇子,想要在帝王家受宠,那是非常困难的。所以,帝王家的孩子,投胎在哪个妃子的肚子中,实在是非常重要的。不受宠的妃子的孩子,别说立储,怕是活下来都很困难。

在今天的现实生活中,孩子最好生长在慈爱的双亲身边,如果做不到,非得在父亲和母亲之间做个选择,母亲啊,请你牺牲得大一点,请带着孩子吧,请让孩子和你在一起吧,因为我知道,你永远都爱孩子;父亲啊,即使你不爱那个孩子的母亲了,也请爱那个孩子吧,你把他带到世界,你和他的缘分就永在,直到生命的最后。所以,请放下男人的心,抱以父亲的心。

这个世上最无辜的是孩子,请让我们爱孩子、保护孩子。我们每个人都是一个家庭的孩子啊。请以慈悲的心爱我们自己,爱我们的孩子。

去哪里、与谁为伍

作为一个人到中年的职业女性，常有年轻的小妹妹问道："姐，您觉得我应该留在北京（或者上海、深圳）还是回老家？"或者："姐，您觉得我应该去大机构做无足轻重的小卒子还是去小公司做独当一面的负责人？"甚至有人问："姐，他人好，但是家境差，而另一个他家境好，但是对我一般，您觉得我应该选谁？"

我的回答是："去那个处于上行通道的地方（机构），嫁那个处于上行通道的人。"

这话不太好理解。什么叫上行通道？就是正在往上走、往好里走、往发展壮大方向走的趋势，处在这样趋势里的叫上行通道。如果人生可以选择，请尽量选择行进在上行通道里，与处在上行通道里的人为伍。

因为上行，所以在发展；因为在发展，所以机会多；因为机会多，所以不必抢得那么难看，即使竞争，不必那么惨烈、那么穷凶极恶、那么恶形恶状。这对初入尘世的你来说，是好的环境，会帮助你树立好的、积极向上的工作模式、人生认知，对你以后的发展善莫大焉。

而在一个下行的通道里，一切正好相反。因为下行，所以不再发展，甚至开始停滞；因为停滞，甚至萎缩，所以机会少；因为机会少，所以抢得凶，抢得恶，抢得坏到极点。这对初入那个环境的你来说，非常糟糕。你不但不可能得到应得的一切,甚至失去以后的发展的可能。

人性原本无善恶,人性本自私,谁都一样。在上行的通道里,不是那些人更善,而是没有必要为恶;而在下行的通道里,不是不想行善,而是非作恶不得以生存下去。

所以,你看:那些资源多的地方,人与人相处得就融洽一些,而资源匮乏的地方,人与人个个都是乌眼鸡。不是这群人与那群人本质有异,而是环境使然。当资源足够多、当制度足够保证、当不必作恶也能得到很好的生活的时候,人有什么必要为恶?反之,不算计到家、不坏到头不足以活下去的时候,怎么当得了善人?

是的,仓廪实,才有知礼仪的可能;而肚子都填不满的时候,谁敢不去抢面前那一块臭骨头?

所以,如果有得选,请尽量选择上行通道里的人和事,不一定此时此刻一定占尽先机,而是有往上走的趋势,有往好里发展的可能,与那样的人和事为伍,你会少受许多不必要的折磨,你会少看许多难看的嘴脸。如果有得选,像香港作家亦舒说的那样去做——难看的门不要进,难看的人不要交,难看的事不要做。

亲爱的，买件晚礼服吧

在城市的街头，婚纱影楼是无所不在的风景，拍一套婚纱照是所有迈向婚姻之门的女子向少女时代告别的最好仪式。男人总是以为女人那么热衷于婚纱照是想在年老色衰时为曾经有过的或者是自以为有过的美貌做一番悼念，这很可能是错的，其实，大多数的女人拍婚纱照是向从未有过、将来也未必会有的财富做最哀婉的告别。

一件结婚礼服，即使是最一般的婚纱礼服也得好几千块，再加上那几件必须的首饰，如果自置一套，少说也得万把块钱，但是，它却只能穿一次。这对于绝大多数的工薪女子和她那同样荷包不厚的新婚丈夫来说，是一笔太过奢侈的支出。于是，爱美却囊中羞涩的新嫁娘就会选择用拍婚纱照的方式过一次看似体面实则精打细算的美丽富贵瘾。不能说这样的女子虚荣，你应该体谅她们那种拮据状态下的朴实心愿，那种借结婚的理由为自己和自己新婚的丈夫掩饰窘迫，体现富丽的善良心计。而这，恰恰是她从今后柴米油盐、精打细算的主妇生活最美丽的开始，直到那件晚礼服出现。

随着经济的发展和生活方式的变迁，在各大宾馆、饭店举行商务晚宴慢慢成了各企业公关活动的主要内容，特别是临近年关、岁尾，各种各样的商务晚宴就接连不断，一些经济实力雄厚的成功人士甚至开始举办同样档次的家庭晚宴。而与此相统一的是，赴会的人们在着装上也与过去相比有了明显的不同。男士会西服革履，讲究的会穿燕尾服，女士更是花团锦簇，各种晚礼服竞相登场。

那些曾经因买不起婚纱而暗自神伤的少妇们，开始穿着晚礼服表现真正的体面，那些未来也许会同样因买不起婚纱而悄然叹息的少女们，早早穿着晚礼服一展未嫁女子有点儿任性的奢侈。一件晚礼服，如果不是特别讲究的话，千把块钱也就拿得下了，而且可以穿不止一次，这让爱美、会美的工薪女子过足了美丽富贵瘾。

如果说，昂贵的婚纱是豪门女子的专利，价廉物美的晚礼服则是平民女子的最爱；如果说，千人同衣的婚纱是集体的美丽富贵梦，一人一式的晚礼服则是独一无二的真我风彩。大多数的工薪女子也许无缘穿上一掷万金的豪华婚纱，却可以略加节俭就能买一件说得过去的晚礼服。前者是一生一世唯有一次的精彩，后者是隔三差五就能体味的生活乐趣。这，大概就是富豪与平民在数量上的不同，在快感上的共同。那么，无论你是豪富还是小康，如果只是想过过美丽富贵瘾，亲爱的，去买一件晚礼服吧。

谁有一颗富人心？

有多少钱才算富人？美国的社会调查显示，至少有300万美元才能在美国社会以富人自居——这还是次贷危机没爆发、天量货币尚未注入市场之前的数据。在中国大概不需要这么多，但是以流传很广的民谣来考察，显然也要不少，因为"十万元刚起步，百万算小富"——这应该仅仅是指银行存款，而不包括房产——在北京，四环以内，五十平方米的房子也至少需要200万了。以此衡量，京都人家，固定资产不过亿，年收入不过千万，怕是不敢以富翁自居。如此算法，让以薪水为主要收入的工薪族产生与富裕无缘的难过就是很正常的推导过程。这，实在有些残酷，也有些轻浮。

觉得自己贫穷——经济学意义上真正的低收入除外——从而产生对社会的戾气，是一种不正常的社会心理。可是，年轻的女人们中间这种心态越来越普遍，甚至开始向年轻的男人和不太年轻的男人和女人漫延。这些事实上在社会中属于中高收入的人在自己的收入越来越高的时候，要的也越来越多，继而，因支付能力较低，就总觉得自己很穷，并为此而感到羞愧，并因此对社会产生憎恶心理——这是英国骚乱中中产阶级甚至富裕阶级的人也加入的经济原因。他们总以为自己是个暂时有点儿钱的穷人，却很少想到自己是个暂时没钱的富人。

在富裕的时候产生富人的心理并不是一个水到渠成的过程，这需要训练和培养。

觉得自己是个富人，有的时候与收入和财富无关，而是与品味和习惯有关。

又：我觉得，我们普通人有时也挺幽默的，老爱把富人描绘成其蠢无比的样子，大概，是自我安慰吧。

其实，富人蠢吗？我想，凭良心说话，富人和穷人对这一问题的答案都是NO！

我见过的富人不多，但是，就以见过的这些来说，没一个蠢的，相反，一个个聪明得要死。

当然，如果说富人中有一部分虽聪明但品质不那么好，所谓为富不仁，我还是同意的。但也只是在小级别的富翁中，真正的大富翁有的不但聪明还挺善良。

有一句话说：男人，20多岁，拼的是才气，30多岁，拼的是能力，40多岁，拼的可就是胸怀了。我篡改一下：富人，千万级以下，拼的是运气；亿级，拼的是能力；过了十亿，拼的一定是胸怀。如作家六六所说："人在落魄的时候，才干和运气会将其带上上行的通道，而在巅顶的时候，只有靠胸怀和品格才能久居不下。"

足球青春

据说,有人问美国女球迷,为什么来看男人踢球,回答是:"为了看他们健硕的大腿。"第一次听到这话,我真有点儿惊心之感,突然间有一种情绪在心里涌动。我没有她们的勇气,也没有她们的胸襟表现那样一种审美,但是足球的确曾经一度、现在也不时以它飞扬的阳刚之美让我产生感动,产生一种只愿体味不愿言说的心情。

这种感觉与它最初产生的心绪不无关系。我意识到生活中有足球是在自己十四五岁时,那还是在上个千年的最后一个世纪的80年代中期。当时的中学校园里,青春意识觉醒了的孩子们对很多心情只能感觉却不敢想不敢说,在所有人的个人孤独面前,足球在突然间成了让大家可以放心地一起对待的事。

男孩子们会在每个周六的下午,呼朋唤友、左奔右突,他们跑、他们跳、他们叫、他们闹,他们在那里活泼地挥洒着青春的激情。他们成为女性化教育里无可寻觅的力量,他们代表了离高考很远的潇洒,他们也让同桌的女孩子们在第一次萌动的爱慕下对异性有了正视的名正言顺之理由。成长的路上,男孩子们第一次显示出了自己作为一个性别,比另一个性别能干和有力的特点,他们足球地体现了自己的棒。

而这使不少女孩子,包括我,羞怯地爱上了足球场上那些踢球的男子汉。那种爱是多极的、动荡的,爱的对象是球场上奔跑的每一个人,爱的时间却只持续在他们在球场上奔跑的那一时刻。那时,趴在六楼的教室窗户边上看男生踢球成了我们那所中学女生中一项不需组织就能成行的集体活动。我们不关心谁输谁赢,不在乎谁强谁弱,我们只是看他们奔跑、跳跃,听他们欢呼、惊叫,渴望他们进球而不管是哪一方。我们在场外体味着与场中人一样的欢乐与激情。不少人由此而成了铁杆儿球迷,当然也出现了不少我这样的驿路梨花。

那种远远的观望使我直到现在也没搞清足球的规则,更不清楚国际足坛上的球星和轶事,当然我也从不说自己是球迷,甚至不和任何人谈足球。我只是在每一次路过球场时总会不由自主地驻足很久,痴痴地看那些踢球的人,在心里暗暗地为他们喝彩。经过了世路周旋,偶然的临场看球,总让我产生童心来复的真纯。特别是工作后,种种人和事使我在很多时候,对男人这个性别失去了敬意,只有在足球场上,男人会一如既往地唤起我的崇拜感。

现在,外子依然有空时会打开电视机看足球节目,我很少陪他。只是在琐琐碎碎的家务事里,每一声不经意间飘进耳朵的声音,都会让我产生类似听到《同桌的你》的心情,那是我的足球青春。

波伏娃和萨特的爱情（上）

一直爱看西方现代哲学书的我，看了很多波伏娃和萨特的书。对他们俩的学问的关注暂且不论，他们的感情生活也让我产生颇为浓厚的兴趣。特别是作为女性的波伏娃，其个人感情生活更是引起我强烈的兴趣。

波伏娃的爱情很丰富。波伏娃的初恋是她的表兄，这位仁兄后来娶了个富家女，但自己变成了酗酒者，最后婚姻很不妙。后来，波伏娃遇到了萨特，两个人成了终生伴侣，但他们俩始终没办结婚证，属于"无证驾驶"。这样过了十年八年，波伏娃发现，萨特身体不太好，波伏娃的原话是：他是个有趣的人，他在任何时候都很有趣，除了在床上。波伏娃也觉得无趣，他们就成了精神伴侣。这期间，波伏娃还算洁身自好，虽然她偶尔会和萨特的学生或是她自己的朋友的老公睡上一觉。

往后，在她39岁的时候，她遇到了美国作家纳尔逊·奥尔格伦。这一次，她是真的碰到了爱情，他们热恋17年。可是，后来，纳尔逊经济状况不太稳定，个人情感也不太稳定，把自己的生活过得乱七八糟，两个人就伤感地分手了。纳尔逊一度写文章说了很多波伏娃的坏话。

这以后，波伏娃进入暮年，可是，她魅力不减，在她54岁的时候，她接受了一个只有27岁的犹太青年，但是，她说：这不是爱情。

在波伏娃一路风流的时候，作为终生伴侣，萨特始终没有表示过非议。这很有趣。

特别让我喜欢萨特的一点是，他在个人品格上是个善良的人，资助了很多衣食无着的女人。那些女人就在媒体上暗示自己和名震天下的萨特睡过觉，萨特委屈地对波伏娃说："她们怎么能这么说呢？就算要说，也得真睡过了才能说，对吧？"波伏娃表示万分同情。

特别让我感兴趣的还有萨特和波伏娃的童年时代。萨特早年丧父，生活无着的母亲就带着年幼的儿子回到了娘家。这是一个清教徒的家庭，外祖父刚愎自用。可怜的萨特的母亲始终被当作小孩子来对待，在娘家受尽了委屈。外祖母是那种一生婚姻不幸，所以特别爱挑剔、特别爱吹毛求疵的人。可怜的萨特母子受尽了寄居外祖父家的委屈，直到母亲改嫁。

而波伏娃的母亲也是那种很爱指出女儿的错、从不热爱具体生活的人，这使波伏娃整个童年和少女时代过得毫无趣味。

我相信，波伏娃在考量女性的一生的时候，她自己早年的经历和萨特的童年时代起了深刻的影响。

看过了关于他们的书，我觉得，一个不幸福的家庭往往能孕育天才，而幸福的家庭只能培养一些快乐的凡夫俗子。几乎不能两全。这对一心想培养一个天才的我来说，是个打击。

不过，我觉得最有趣的是，波伏娃不但和男人睡觉，在她一路风流的过程中，还有不少女同性恋者向她表示爱情，其中既有又老又丑的俄罗斯女人，也有年轻漂亮的巴黎女演员。当然了，波伏娃不是同性恋者，她拒绝了她们的爱情，但是，她秉承萨特的传统，一直在经济上资助她们。

  他们对他人的喜爱与尊重首先体现在对一个个体的尊重上，而不论是否与对方有爱情关系或者性关系。这一点，直到今天，都让人在想起他们的时候，会产生深深的敬意。

波伏娃和萨特的爱情（下）

波伏娃无论爱情生活多么绚烂多彩，但是，她始终和萨特在一起，不离不弃，一起战斗——和那些共同的敌人，还有金钱以及衰老和生命本身。他们俩一直"无证驾驶"，当然了，后期已经不"驾驶"了，波伏娃说："我认为，我们这样是符合道德的。"

我感兴趣的是，他们是怎么样一直做到相互不厌弃的呢？要知道，像他们这样生活绚烂的人，厌弃个把老情人是太理所应当的了。波伏娃的一句话给了我些许答案，她说："是萨特让我成为了波伏娃，当然，也是我让那个早慧而敏感的小鬼成为了萨特。"他们相互成就了对方，并认识到了这一点。

而他们一直不结婚，总是对感情本身抱着现实的态度，不妄想吧。

不因为对方而伤害自己原本旺盛的生命力，不因为对方失掉自己原本多彩的个性（这一点主要是对波伏娃而言）。这样做，最大的好处是，他们没有因为那些婆媳关系、钱财的分配以及许许多多琐碎而必须的生活细节而伤害感情本身。在这场男女关系中，我认为，波伏娃的受益多过萨特。

他们在金钱上一直是分开的，这大概也是他们的伴侣关系得以长久的重要保证。弱势的一方（通常是女性）如果在经济上过多倚赖另一方的话,双方的平等关系就很难不受影响。人格的平等必得以经济的独立为前提,虽然经济的独立并不能保证人格的独立。波伏娃和萨特的关系可以作为说明。

与此可做反证的是:波伏娃和纳尔逊先生在一起的时候,虽然也是分开的,可是,很明显,波伏娃付账的时候是多一些的。所以,我没有道理地认为,纳尔逊先生在精神上是不如萨特伟岸的,因为他让女人付账过多。事实也是如此,哲学史上有萨特,可是,有多少人知道那个芝加哥青年呢?所以,我认为,男人要想精神上伟岸,物质上最好富有。钱包不大,精神从何而大?——一个连账单都不肯付的男人,如何能让人相信他肯付出更多、更高级的东西——比如爱情?

和纳尔逊先生在一起的时候,波伏娃流了不少眼泪,因为这个家伙一会儿和前妻纠缠不清,一会儿和酒吧女眉来眼去,最后,为了挣钱赚稿费,竟然写文章骂波伏娃。我想,波伏娃看到那些文字的时候,心里是痛苦的,不是因为语言的恶毒,而是因为曾经爱过的男人为了几个美元,竟有如此下作的行为。波伏娃啊,以17年的光阴成就的,也就是这样。女人,任你是波伏娃,在感情面前,受伤也一样没商量。

女人,不管事业上多么成功、在社会上多么风光,在感情面前,在男人面前,永远是脆弱的,永远是渴望更多宠爱的。爱情,永远是女人的第一生活要素。

弗洛伊德的婚礼，中产阶级的生活

最近，在看弗洛伊德的传记体小说《心灵的激情》，觉得特别好，写出来和大家一起分享。

我原本印象中弗洛伊德先生是动辄就谈肾上腺和荷尔蒙的另类人士，实际上，这本书中的弗洛伊德先生是个相当严肃、上进的犹太中产阶级青年。他30岁的时候是以处男之身结婚的。虽然，等待结婚的漫长过程常常令他心烦意乱，但是，他从没有动过去找一个咖啡馆女招待及时行乐一下的心。30岁的处男啊，多么稀罕。最有意思的是，严肃的私生活催生出一位离经叛道的学者，这中间的过程实在太值得琢磨了。

而倍有普遍意义的是：无论哪个社会，穷人家的老大都是苦命人，都担负着养家糊口、赡养父母、资助兄弟姐妹的义务。弗洛伊德先生的家庭勉强称得上是中产阶级家庭，实际上，到他成年时，境况已经很糟糕了，他就把朋友们的资助、微薄的稿费、病人的小费甚至奖学金悄悄放在母亲的橱柜里，帮着艰难度日。而他的妹妹们，也靠他介绍同学和朋友，得以保持嫁到同一个阶层的最后体面。否则，这些可怜的姑娘们不是当老处女就是沦为下等女人。可见，中等收入人家的老大不但要赚钱，还负责替姊妹们找来有一定经济基础和社会地位的结婚对象。关于这一点，今天大学毕业甚至博士毕业的学子们都做着同样的努力。网上这样的故事很多。

我最敬重的一点就是那个年代的中产阶级家庭对婚姻的重视。两个相亲相爱的年轻人虽然互相爱恋很深，但是，在得到足够维持一个体面的生活的费用之前，他们绝不轻易结婚，而是选择等待和忍耐。并且，他们会按照所有那些令人发疯的繁文缛节来举行婚礼，他们相信，连这些都经受不起的话，长长的婚姻就更加难以应付。比起来，我们今天的年轻人在婚姻上缺少应有的一本正经：觉得感情差不多了，就两床被子往一块儿一放，这就算开始居家过日了，结果，大量婚前应当解决的矛盾放到了婚后，婚姻自然不能承受过重的负累。

令我印象很深的一点就是那个年代中产阶级的道德观。一个医生得了梅毒，在临近要死之前，托付他的同事弗洛伊德博士："我的那位病人夫人的丈夫患有严重的器官性病变，行使不了做丈夫的义务，请你想办法帮助他，并替他们保密。"一个在我们看来道德堕落到染上梅毒的医生，到死都记着他的病人并为他们保守隐私。这种道德观真是可叹可敬。

最令我尊敬的是，弗洛伊德博士和他的同事们在他们私人的圈子里从不讳言：医生治死的病人远远多于他治活的。医学报告总是只报告成功的病例，从不报告失败的病例。失败是医学的命运，成功倒是偶然。尤其令我灰心的是，根据书里的描述，外科手术全部的意义就是剖腹产，这是唯一有价值的东西，其他的，实际上不过都是令医生增加治死病人的数量而已。

最后，最让我印象深刻的一点就是：婚姻的幸福永远比其他所有的事情都重要，除了赚钱。当然，如果钱足够维持基本的生活之后，最重要的，仍然是幸福的婚姻。

这本关于弗洛伊德的书里讲到很多案例，颇令人感触，写来大家一起看看：

一、弗洛伊德的一个同事、一位年轻有为的医学专家突然间工作做得不好，经常出错，老是很疲倦的样子。弗洛伊德出于友谊，问他："怎么回事？"他说："太累。我的妻子精力过人，每晚每晚我都忙于应付她，我快累死了，没有精力工作了。"弗洛伊德建议这位丈夫将他的妻子带来瞧瞧，一看，那位年轻漂亮的女士穿着紧身的上衣，挺着傲人的双峰，并有意用她美丽的胸将弗洛伊德博士的未婚妻的照片撞到了地下，并且这样做了两次。看到这里，你会怎么想？一定会和我一样，认为这个女人是个道德差劲、肾上腺分泌过多的讨厌女人吧？可是，弗洛伊德博士经过仔细检查，发现这个女人实际上是器官性病变，大脑里有个地方长了个瘤，导致她行为失控，手术后，她变成了那个端庄、贤静的中产阶级太太。

二、有一个十四岁的男孩，背着母亲去咖啡馆找女招待，看那些不该他这个年龄看的书，家人气得要把他送去当兵或是进精神病院。弗洛伊德博士做了仔细检查后发现，这个孩子的大脑也增生了一些不该出现的东西，也就是瘤，而长这些东西是因为他的大脑受过重创。弗洛伊德博士为这个孩子做了手术，术后，这个十四岁的男孩子成了受人喜欢的、中规中矩的好青年。

我们，在医学不发达的地方成长着，我们，在道德观念过强的地方生活着，碰上任何一种情况，不是从科学的角度对待，而是首先进行道德评价。

　　如果，我们的医生都能像弗洛伊德博士那样高明而人道，如果，我们都能有一颗热爱科学的仁爱之心，是不是会少很多道德败坏的坏蛋而多一些康复的病人？也许，有些看起来缺少道德的人，可能并不是道德败坏，而仅仅因为他（她）是个病人。

纪晓岚书里的虐待狂

鲁迅说:"读史,除了读正史,还是要读一些稗官野史的"。最近,读了读《阅微草堂笔记》,算不算得稗官野史我不知道,读下来,颇觉感慨。

一是我觉得我们的老先人们天性不淳良,虐待成性,特别是广大妇女儿童饱受摧残。这书里讲了很多童养媳的故事:通常都是家贫,父母生活无以为继,就将幼女卖给别人家做童养媳。结果到了人家家,吃不饱饭倒是其次的,动不动就加以炮烙之刑,可怜十岁幼女,体无完肤。这种故事很多,不是一个两个,看得我满眼是火,恨不能将那些恶人个个也上一遍炮烙之刑。

而且虐待,不是仅限于童养媳,各种关系之间都是如此。说是有一家有个婢女,恶猫偷食,动辄一顿暴打,可怜小猫吓得见她就躲,还是躲不过去。一日,主人供了几个梨,让婢女去做,结果待她出来,梨就不见了,主人就将这婢女一顿暴打,体无完肤。后去灶间,发现灶灰里有梨,上有猫啮之印。是猫儿恨其虐行,嫁祸于她。看看,这个原本可怜的婢女多么残忍可恨,主人又是多么残忍可恨,猫儿又是多么报仇心切。所有的关系中充满了仇恨、报复,没有一点点温情,令人欷歔。

二是我觉得那时的人们性苦闷严重。整个《阅微草堂笔记》读下来,十个故事里倒有八个是讲被魅之事,什么被狐狸魅了、被鬼魅了、被山精魅了，然后夜则闻嬉玩之声，昼则裸奔满口秽语。仔细一想，哪有什么山妖鬼狐，分明是个个都过于苦闷因而发泄罢了。想想倒也蛮同情的：那些被魅之人，不是孤身赴京赶考的学子就是独居闺室的小姐，个个正值身强体健的年纪，却因各种原因，青春不能得遂，可不就是发些如此鬼怪之事么。还把这当奇异之事来讲，老先人们够滑稽够幽默的。

三是老先人们不但刻毒而且无聊。除了虐媳、被魅之事外，另一讲得多的就是所谓贞孝烈女传。如讲一女，不满20即守寡，上无父母兄弟，下无子女，一个人孤苦无依，生活艰难，常常过的日子是三餐过九日。可是，人越是苦，命就越硬，这样的日子，她硬是活到了80岁，死了。于是，乡邻士人们为她树碑立传，号召四方八乡的广大妇女们向她学习。我感到愤怒的是，在她贫苦无依的时候，乡邻士人们没一个资助她一碗饭，倒是联合起来监视她有没有勾搭上什么野男人，监视了60多年，这也得好几代人监视不是？待把她终于监视死了，大家都放心了，说："贞女啊！好妇啊！表扬啊！学习啊！"几代人联合起来监视一个可怜女人的床上是否安静，多么无聊、多么滑稽、多么可怕！

四是老先人们无耻得紧，特别是士大夫们，相当无耻。说有一士子，娶了一个艳丽女子做妾。一日，出门，在路上看到一女子被几个媒人拉着相亲，仔细一看，像极了自己的妾，特别是那身衣服，是自己昨日觉得她在床上表现不错，刚赏的。一看之下，大怒，归家，将妾叫来，一顿暴打，然后把她的父母叫来，表示一定要转卖。妾的父母来了，还带着小女儿，一看，还穿着士人给其姐的那身儿新衣裳。一问，原来昨日是妹妹去相亲，没衣服穿，借了姐姐的。士人放心了，然后起了歪心，问妾的父母打算多少钱聘掉小女儿，那对老夫妇说要三百金，士人给了老夫妇五百金，说："此女我留下了。"作者点评：姐妹同伺一夫，从此成就一段佳话。我吐死了，这还叫佳话，士子多无耻，作者多无耻，当时的社会多无耻！

　　一言以蔽之，《阅微草堂笔记》里的那些人，很难让人产生审美感。而过往的读后感里，看到很多人对此颇多好评，实在不能理解。

春天,我和网友有个约会

月初,收到昱华的短信,说她的诗集《夏娃的诗》出版了,签售,请我去现场。过了两日,又收到一短信,是Miss南的,说她的新书《美丽大事业》已寄给我了,嘱我查收。一时间,颇多感叹:我的女友们纷纷出书作传、成名成家,连带着让我都产生"出入皆鸿儒,往来无白丁"的荣耀,真好。她们都是我的网友,在文字中应和、相交、相熟,慢慢成了一生的朋友。

想想初识的日子,倍感温馨。那时,我在一个育儿网站泡着,认识了昱华,我们之间很谈得来,友情发展极快,终于到了相约见面的地步。虽然又爱又怕,虽然黔之驴一样相互靠近却又迅速离开了好几次了,但是,终有一天,我们都以豁出去了的悲壮见面了。

在打完约定时间地点的电话后,我的心咚咚直跳,一如年少时第一次见男友,紧张得不能自控,只得恶狠狠地想:你今儿要不给我个惊喜,我绝不原谅你。因为你都把我吓成这样了!心有灵犀,她马上短信,说也吓得够呛。

在指定时间,我们见面了,哈,可比想象的放松、愉快。我们先去吃饭,一边吃一边聊,这一聊就是4个小时!那好吃的石锅拌饭我都不知怎么吞下去的,光顾着说话了。我们抢着说,一个话题没完,又接上另一个,说得好尽兴、嘴巴好累。然后,按照她的安排,我们去看电影，可是，银幕上的帅哥美女根本没有身边坐着的这个人有吸引力，看了不到20分钟，我们几乎异口同声地说："别看了，去聊天吧？"然后，又一路冲向吃饭的地方，继续呱呱。

一见如故！一见钟情！一见倾心！

回去后，我一夜难眠，突然间，心里涌满了柔情，涌满了感恩之心。这一切，必须与另一个叫Miss南的网友见面相联系。在那之前，我和Miss南只是神交、只是精神上共鸣，可是，见面把我们变成了真正的好朋友，好到什么份上呢？就是彼此变成了对方的日记，我们互向对方倾倒精神垃圾，告诉对方心里那最深的痛、最荒诞不经的梦、最脱口而出的快乐，以及最消磨时间的话题。尽管我们并不是每一次都意见同一，甚至有好几次意见相左，但是，这一切无关我们的友情本身。在30多岁的年纪，突然交到这样的朋友，我总有一种不真实的感觉，觉得太奢侈、太不可思议。很重要的是，这段友情的意义不仅仅在于交到了一个朋友，而是它让我在30多岁的年纪突然增加了一种勇气，就是勇于信任别人、勇于爱别人、勇于接受别人意见改变自己某些不对的地方、完善自己。它不只是交了一个朋友，而是在心态上给了我很多的改变。

我们都是心里把自己看得很重要的女子，能够如此坦诚地倾心交往，多么难得、多么奇迹啊！在我一点点地靠近对方的心的时候，我觉得自己也在一点点地靠近自己，靠近那个梦想中的自己。

有人说：一个人心理健康与否、生活充实与否、对自己和他人有价值与否，很重要的参考指数就是是否有足够多的真正意义上的朋友。现在,我的这个指数较以往又上涨了好多,我真高兴啊。因为这样的友情,我好爱我自己、我好爱我的朋友们、我好爱网络!

人生，每分钟都成长

　　同学聚会，发现每个人与过去相比都有了变化。原本懦弱的、娘娘腔的小男孩儿，现在却充满力量感，竟有一种江湖大哥的风范；原本除了自己的脸和身材，别的统统不关心的娇娇女，竟然成长为精明强干的基层干部，率众下属从事房屋拆迁这么需要应变能力的高难度工作；原本上厕所都需要人陪的小镇姑娘更是在遥远的异国他乡创业，其公司做的竟然是跨国劳务输出的业务……

　　真的是想不到啊。当初，就算再有想象力的人都想不到十几二十年后，人的变化会是这么大。当然，背后肯定会有痛苦挣扎、会有纠结迷惘，但值得一说的是，生命会有这么丰富，人生会有这么精彩，经过了挣扎与纠结，人终归会成长为自己渴望的模样——当然，你可能没有走到想到的地方，但一定走出了原先站着的地方。只要沉下心迈步朝前走，人总是会成长起来。每一步的前行里、每分钟的思考里，人都会有成长——只要你想。

　　关于成长，我想起另外一件事，那是我的家事：我很小的时候，母亲偶尔会在我们面前唠叨父亲的不是。可是现在，我看去，发现父亲的身上一点儿都没有母亲所说的缺点了。是母亲在撒谎？不，是父亲在成长。母亲说的那些应该都是真的，但是，父亲用一生的时间进化成了现在我们子女眼里最完美的父亲。

所以，有智慧的人说：不要用老眼光看人，每个人都在成长。如果总是用过去的态度看待别人，那是用记忆做牢笼，生生不许别人成长。我们需要精神上的慷慨，用崭新的眼光看待他人，相信他人会成长。

而另一方面，我们也要相信：我们会越来越完美，任何时候成长都不算晚，不要以"来不及"做借口，不要以"我就是这样的"为借口，不要以"我要做我本来的自己"为借口而拒绝成长。

蔡康永说："当你说想做回原本的自己，会不会你只是在找借口，逃避现在的自己？若是怀念想逃就逃想恨就恨的日子，你随时都可以这样做，只要明白这样做的后果，也都会成为你的人生。"

人生如河，每秒流动，你永远不可能再踩进同样的水里。

每个阶段的你都是你，没有那个传说中"原本的你"啊。

所以，我们在时间面前，要勇敢，要敢于接受迎面而来的一切，沉下心，迎上去，让际遇变成机会，成就最好的自己。

任何时候，都不晚。

弯路与直路

那天,看一个博客,里面有语:人生这么短,那直路有什么好走的?要走的、真正有意思的就是那点儿弯路。只有那点儿弯路才属于你自己,直路上早已摆满了别人的脚印。想一想,这话说得还真是有意思。如果把人生当一个过程,而不仅仅是结果的话,确实真正有意思的还就是那一点儿弯路。直路是每个人都有的常规份额,那一点点弯路里才有只属于自己的生命趣味。

又有哲人说:把直路走弯了的人是豁达,他比别人多看了风景;把弯路走直了的人是聪明,他比别人多了成功。

是,人生的路,弯路、直路很难讲,有些看似弯路的路,未必都是错误;有些看似直路的路,不定哪个路口,就拐得面目全非。

儿子学英语是一条漫长的路。

他刚会说话,我们像所有自以为可能生了个天才的蠢爸蠢妈一样,马上决定实施未来天才培育计划,教他各种东西,包括英语。每天一回家我就对着他说abc,家里到处放满了单词卡片,还老放英语动画片。折腾了很久,当然没什么效果。

等他上了幼儿园,一有课外班,马上就报了班,为加强效果,又一次从abc开始。学了两三年,也没学出来个什么名堂。

上了小学，当然又一次从abc开始，这次嘛，总算有点点收获，起码学校里每周好几个课时在那儿保证着。

到了四年级，又在家里开小灶。也许前面铺垫得太多，这一次，总算小有成果——他开始有兴趣了。

算起来，光学英语这一项，我们就投入了无数的时间、精力和金钱，而前面，大多是弯路。想一想这些弯路，我对自己说："真是瞎折腾。早知今日，何必当初。"可是，再想一想，如果没有当初，就一定会有今日么？如果没有前面的那些弯路，会得今天的直路么？前面的那些付出到底是弯路还是直路的开始？很难说。

人生每一步都得在意，这叫认真。同时，每一步也不必那么惶恐，这叫洒脱。

这个世界，其实很有意思。这段人生，特别值得琢磨。

漂亮青霞

知道大美女林青霞出书了。但是,没有买。理由么,嘿嘿,自然是觉得她写得不好。心想:同样一百块钱,去看她的电影比去看她的书值得。

有一天傍晚,一个人去西单图书大厦看书,在二楼最显眼处摆满了这本声名赫赫的《窗里窗外》,艳红的底加上大美女的玉照,实在是打眼得紧,甚至有一种拦住你不许前进的感觉,好像不拿起翻一下就迈不了步。随意翻翻吧,好了,一翻,放不下了。首先是那些漂亮的照片啊,那么美,美得令人心动。二是编排很用心,装帧很精美,内地出的书少有做得那么精致的。三是文字很朴素,是初学写作的人的那种朴素,但是,写的对象个个显赫,两下一结合,有一种奇异的娇艳的美。

是,美,这书给人的感觉就是美。虽然林青霞在宣传时再三强调不可以再叫她大美女,而是要叫她作家,但是如果不美,青霞这个初学写作的作家的书怎么吸引得了人读下去?凡是与青霞有关的东西,就应该是美的。而这种美还有一层意义,那就是历尽世路周旋之后的青霞,心态上有一种从容之美,看她写朋友、写家人,充满了历经岁月之后的平和,成熟女人的美尽在文字里。是的,看青霞的书,我们就是想看岁月的呈现,想看世态人心,想看人生走到下半段,我们可以有怎么样的状态,能不能保有最初的美。我们在青霞的书里看的是世路人心，看的是一个女人如何优雅地老去，看的是美丽的外貌匹配有怎样的内心才可以长盛不衰、终成传奇。

青霞的书不是用来传播知识的，也不是用来感化世道人心的，而是给有阅历、有故事的人用来体验和吟味人生的。明白了这一点，再看青霞的书，你不会介意内容是否丰富、思想是否深刻，而是会仔细了解她认识哪些人、经过哪些事，她怎么看待自己走过的路，她怎么安排自己的生活。看青霞的书，不需要太多的文学造诣，而需要经过世路周旋之后人情练达的通透之心。

收获一本书，一半靠作者，一半靠读者。那种高屋建瓴、学识逼人的书就像老师在课堂上教学，仅仅说的那个人一语中的，就算不枉度时间。而青霞这样的书，就像坐禅，仅有人讲是不够的，重要的是靠你自己一点点悟，慢慢领略其中的美妙。

而多数人，要么抱着猎奇的心，想看到青霞自曝隐私；要么希望青霞一夜之间成学问盖世的牛津当值教授。怎么可能？青霞是我们这个时代的美女啊。我们对青霞的要求从来如一：那就是漂亮，既要盛年时的外貌漂亮，更要老去之后姿势漂亮。青霞做到了——她用这样一本装帧精美、可作收藏的书证明自己魅力仍在，高贵亮丽。让我们想到自己的老，也能产生一点点黄昏独坐窗前饮茶的悠然向往。

当即掏钱买了一本。同样一百块钱，看青霞的书远比看她的一部电影值得。

生孩子之前先生爱孩子的心

最近，阅读与经济相关的文章，看到一个新名词："性别红利"，有些不解，仔细翻检，才知是从人口红利推演来的。那么，什么是人口红利呢？专业的解释是：所谓"人口红利"，是指一个国家的劳动年龄人口占总人口比重较大，抚养率比较低，为经济发展创造了有利的人口条件，整个国家的经济成高储蓄、高投资和高增长的局面。"红利"在很多情况下和"债务"是相对应的，因此，在我们享受"人口红利"丰厚回报的时候，千万不要忘记今后可能会面对的人口"负债"。

好了，那就可以进一步理解了：所谓性别红利，就是指一个性别比另一个性别所占的比重小，整个性别结构呈现一方走俏、被追涨的局面。处于紧俏状态的一方享受更多的好处、更丰厚的回报。

通常来说，现在处于享受性别红利的一方是男性，且多是事业成功的中老年男性，他们以自己所拥有的财力、地位为砝码，在性别市场上更走俏，得到更多的异性，享受更多的男女关系带来的愉悦。

但是，与此密切相关的是，经济学家告诫：随着经济的发展和女性地位的提高，男性的性别红利逐渐在趋少，终究有一天，男性不但不能享受性别红利，而且要为此时的红利承担债务、付出利息。证明是：现在的欧美，不少经济状况颇佳的年轻女性借助精子银行，只生孩子不结婚，甚至不发生男女关系，自己一个人过日子，把男性抛在家庭生活之外。而男人，显然做不到这一点，无论如何，男人自己生不了孩子，必须找女人生孩子，哪怕是代孕母亲，那也是个女人。所以说，男人离不了女人，而女人则不必非要与某个男人有切实可见的关系。

这种消息，真让女权主义者高兴，即使是普通的女性，只要生活中受过男人的气——不管是老板的还是老公的抑或是老爸的，都有一种暗暗的解恨与解气：叫你们牛，终有一天，哼哼！

是的，我也如此。觉得暗爽——作为中规中矩的好女人，这些年，没少受各式男人的闲气，没少吃他们的瘪。能让他们也吃一回瘪，自然打心眼里觉得爽。但是，爽完了，却有一种后怕：如果未来我们的女晚辈们都不经结婚，甚至不与男人发生性关系，就直接从精子银行提了精子生孩子，我们自己倒是得了意，但是，孩子呢？孩子也会对此感到得意吗？恐怕不会。以父精母血为质，生长在爱自己的双亲身边，这是每一个孩子天赋的人权。如果我们作为女人，剥夺了孩子与父亲生活在同一个屋檐下的权利，我们是好母亲吗？我们可以不做好妻子，但是，我们有资格拒绝做好母亲吗？如果做不了好母亲，为什么要做母亲？为什么要一意孤行地生孩子？只是让自己享受做母亲的得意，却让孩子一落地就见不着父亲，这公平吗？这符合做母亲的道德吗？

显然不。做女人可以不结婚，可以不要男人，但是，如果不是妻子，最好不要生孩子。既然要享受单身的权利,就得付出单身的成本。如果什么都要——既要享受一个人生活的便利,还要享受生孩子的快乐,那就是贪,那就是自私。

什么样的人生都要有代价,这世上没有没有代价的事。如果要做母亲,那么,我们就得忍受那个做父亲的男人的种种讨厌,这是我们为孩子做出的牺牲。如果不堪忍受另一个男人对自己生活的拖累,不愿忍受一个男人进入自己生活的不便利,那么,就得付出无法享受孩子绕行膝下的快乐。这才公平。

男人享受性别红利的时候,做了很多对女人不公平的事。但是,女人享受性别红利的时候,就不可以再犯下对孩子不公平的错。我们总要比他们高级一点,对吧?

如果要做母亲,在生下孩子之前,请先生出爱孩子的心。对每一个渴望做母亲的女孩子来说,这远比怀孕更重要。

香港式的做人处事

大美女林青霞在谈自己拍戏之外的人情世故时说:"香港人不讲人情,不求人,合则来不合则去,我没有了人情的包袱,也不再身不由己,拍了些比较考究的电影。而在其他地方,七十年代是戏里文艺戏外文艺,常在人情的压力下接拍了不少本不想接的戏。八十年代是戏里江湖戏外江湖,人在江湖身不由己地接拍了不少不想拍的戏。"

这话,另一个女界领袖亦舒也说过:香港只论做事的功夫,不管背后的关系,做事的人会觉得很爽利,想靠七大姑八大姨的人就会觉得很没办法。

我们这些靠着自己一双不大的手讨生活的人都喜欢这种只论做事能力、不论背后关系的社会环境。赢了,是我自己本事大;输了,只怪自己学艺不精,有精力下次再来杀过,没能耐,愿赌服输。碰上那种有"干爹"、亲妈罩着的人,不论做事能力只讲背后靠山的时候,傻眼之余,分外痛恨。

但是,日子久了也不再不平,而是慢慢多了理解之心。你想,你有双手指靠,靠能力立名扬万,本已是多么幸运的事,人家没本事,也得活下去,可不就靠"干爹"、亲妈的吗?而那背后付出的又岂是你能想象得到的代价?靠流汗流血做事,付出的再多,不过是体力和精力,是说得出口的,而那靠别的付出的,那是说不出的,背后的辛苦岂是能为外人道的？亦舒说："这世上，凡说得出的苦，便不是真正的苦，凡讲得出的辛酸，便不是真正的辛酸。"如此一想，靠双手吃饭的人，何其幸运？幸运了，还要怪责社会不公，可就是恃宠卖乖、颇不厚道。做人还是要留三分，得了好，要惜福，切莫一人占尽所有的好，还要占口舌上的便宜。

有条件，遇上香港式的做人处事的环境，赶紧抓住机会好好做事，流血流汗再所不惜，借机扬名立万。一时运气不好，遇上了讲人情或是讲江湖的环境，就垂眉敛目、低首服雌，安静地在一旁呆着，看擅长另一套游戏规则的人脱颖而出。

大家都有机会。蛇有蛇路、鼠有鼠道，你占不尽所有的好，别人也掠不走你的食。切莫一遇有变，就满世界哭天抢地，恶形恶相，直至神憎人厌，从此失去名声，再无出头的机会。那才是真正的笨。

学会等待，学会失败，学会欣赏别人，学会犒赏自己。

伟人的家人

一边煮饭,一边擦地。儿子拿着我的手机在玩游戏,不知怎么地又打开短信箱看我的短信,不外都是工作信息罢了。忽然听到他叫起来:"妈妈,原来你挺棒的哦。你瞧,这个人这么夸你,还有这个人,这么感谢你。哎呀,这个人,拼命想见你哦,你答应了么?"

听了哭笑不得。"你以为妈妈是怎么样的呢?只会煮饭和擦地的么?""我以为妈妈你不过是靠我和爸爸罩着,勉强搞碗饭吃呢。"——听听,就这么看待自己的妈妈,全然不了解妈妈的实际情况,更罔顾妈妈的尊严。亏得自己也有高尚的职业、体面的地位、稳定的收入,否则还活得下去吗?

要知道,妈妈在办公室也是精装女人啊,一样穿着挺括的西服在甲级写字楼行走,一样对着下属威严强干,一样对着对手滴水不漏,怎地到了你们父子眼里,便成了靠你们罩着讨碗饭吃的不支薪的保姆?亏得自己能熬,这些年无论怎么辛苦怎么劳累,都勉力自己坚持,断不敢动了辞职回家做全职主妇的念头,否则今时听了这话,还不得气死?

名震两岸三地、一身纵跨七十、八十、九十年代、被誉为华人电影坐标性人物的林青霞,嫁了人、归了隐,在女儿们的眼里也不外是个连电脑都不会、理家也平常的普普通通的家庭主妇，何况我等？真是先知在本家均不吃香，仆人眼里没有伟人，更何况我等又是女子？无论外面怎么风光，回到家里，在家人眼里，嘿嘿，不过是还要靠他们罩着的妈妈。跟谁说理去？

但是，也有例外，那就是在娘家，还是蛮吃香的。在父母眼里，我做什么都是一等一的好，若果真不好，那一定是社会的错，不是他们的宝贝女儿不行。出了第一本书《一生中最好的时光》，拿给爸爸看，老人家连夜不睡觉，看完了，打电话给我："嗯，写得好极了，比鲁迅的还好。"——在他这个岁数的老人家眼里，鲁迅是全世界写文章最好的人。吓得我，连忙说："爸，小声点，您身边没别人吧？以后千万不要这么讲。"挂了电话还不放心，又打过去再三叮嘱。就怕老人家爱女心切，到处去讲自己女儿文章写得比鲁迅好，怎么得了？

这个世上，我们在一些人心里，如此重要；而在另一些人心里，尘土不如，即便是亲属，泾渭亦会如此分明。都说同谁在一起快乐就多同谁在一起，同谁在一起不快乐就尽量分开，这是对外人，对亲人如何做得了这样的理性选择？只好任由他们当我们是靠他们罩着的仆妇，受他们轻视，还要甘之如饴。

哎，做人女儿是世上最好的事。做人妈妈、做人妻子真是不容易。

整个城是你的

有时，去北京以外的城市，运气好的时候，会碰到当地颇有道行的地主的接待。他（她）带我们去吃当地最好的食物、带我们去逛当地最值得看的风景名胜，说当地最有典型意义的段子给我们听。那种时候，就会觉得他（她）好威风、好中心，觉得整个城都是他（她）的。

这样的高人见得多了，也慢慢多了一点心思，有人再来北京，也欲演演自己的道行，扮扮地主。可是，北京太出名了，但凡有个平头正脸的地方，就没有人不知道的。真有那种非常神秘莫测、非常值得一显摆的地方，也有资历和财富方面的要求，非我等工薪阶层消受得了的。

那怎么办呢？失了城主之名是小事，尽不了地主之谊惭愧得紧。想了再想，终于凭着一颗久在尘世打拼的机敏之心，想到了独门绝技，那就是：不招待以名胜古迹，而见有趣之人于平凡之处。北京有多少有趣的人啊！不论财富地位，单听听那有趣的人讲话，人生多好的享受。于是，再有外地朋友来京，我便张罗着四处找人：找与主宾的生活相隔很远，但在趣味上有可能接近的人；找主宾渴慕，期许一见的人；找与主宾相熟也乐意相见的故人……总之，尽量找多样化、有趣味的人，多找几位，那么，哪怕是在再粗鲁的地方饮食，主宾归后也会觉得不虚此行。

如此，在价位适中的、适合中薪阶层吃饭的中小餐馆，我们的饭局就开场了。远道而来的主宾看着环境普通,一桌子乌泱乌泱的陌生人,虽不至脸上变色,到底神气中略有惊讶:怎么这样待我?为省钱么?把我夹在一堆陌生人中间,一道钱办N道事么?

不急于解释,而是挨个儿介绍座中人。这位老师是张教授,你不是一直急着想买他的那本力学大作而遍寻不着吗?今天叫张教授签了名送你,这可是难得的礼物哦!哈,——主宾的脸立即现出光彩。这位阿姨是大明星小怡的三姨,一会儿让她给你讲讲小怡的闺中趣事。——主宾脸上已有惊奇之色。这位女士是北京电影学院学生处的处长,你若有亲戚家的小孩儿想考电影学院,可以咨询她哦。——主宾一定会生出来对了的表情。对了,这是刚才开车送咱们来的李哥,他的爷爷可是当年主席的侍卫长啊。——主宾已是满脸惊喜之色。

瞧,虽然并没有见到本尊,可是这一干七大姑八大姨的聊天,有时可比本尊在座还要有趣哦。北京就是这么个地儿,挤满了各路人物,以及人物身边的亲朋好友。按照人际关系6度理论,世界上每两个想要认识的人之间只隔着6个人,你若想联系那个人,只要中间经过6个人,就可以联系上。在北京这个地方,只要想找,总能找得到你想找的人身边的某人来。如果不求不畏,没有实际利害冲突,仅仅是作谈资,布个把饭局,还是不成问题的。而这样招待远道而来的人,是不是很有趣?虽没有什么实际性收益,但是见到了很多好玩的人,听了很多好玩的话,知道了很多好玩的八卦,是不是也算别样的收获呢?

他们回去后,会不会觉得我是个好地主,会不会觉得这个城是我的?

为人继母,请持为师之心

来自全国民政事业统计数据显示,2011年1季度,我国共有46.5万对夫妻办理了离婚登记,较上年同期增长17.1%,平均每天有5000多个家庭解体。中国离婚率已连续7年递增。2010年,全国120多万对夫妻喜结连理的同时,196万多对夫妇劳燕分飞。

——故事当然不会就此停止,这些离异的家庭中将会有很大一部分重新组织新家庭,会有许多人成为新家庭的新成员,从而获得新身份——继母或者继父。如何对待继子女,将会成为伴随未来整个生活的重要问题,是无法回避的现实。其中,女人的压力可能更为明显。因为现实生活中,女性大多主内,家庭中主妇占的地位更高,与家人相处的时间更长,从而面对这一问题的紧迫性更强。

中国民间历来有对后娘的种种不利说法。但是,同时也有"继母难当、后母难为"的俗语。可见,继母这个角色实在是一个非常难估量、非常难作为的人生角色,无论怎么做,都深含人伦困境。但是,如果身在其中,总不能装作不是,所以,如何作为,就值得探讨。

是的,不是自己的骨肉,很难有血缘天生的亲情。你固然难以对那个孩子产生怜爱,孩子只怕也难以对突然出现的你有依恋之情。所以,要求视同己出,恐怕是站在道德高地之人的蛮横无理。自己的孩子,爱时爱得深,斥责批评也是教育抚养时的常态,对继子女可是打不得骂不得,所以要说视如己出,完全是不切合现实之举。但是,有一点是可以做到的:那就是视同学生,以为师之心为继母。老师,传道授业解惑,做继母,能做到这一点就非常好了,而且只适合做到这一点,再往深进入不一定效果会更好。

离异家庭,夫妻关系不在了,但是孩子与双方父母的血缘关系还在,新出现者非要与人家的母亲一争高下甚至取而代之,不但给孩子带来痛苦,也容易激化更多矛盾。那么,既然亲身母亲还在,继母就没必要非要扮演母亲一角,退而求另一种角色定位,可能更容易实现。

老师对学生,首先情感上承认这是别人的孩子,其次职责上承认自己对她(他)负有教养之责,第三技术上实行教他(她)方式方法之术。如果教育过程中真的遇到重大问题,还会请家长出面,共同协商。如果一个继母能以这样的方式处理与继子女的关系,可能会容易一点。

继母与继子女关系大概是世界上最复杂的关系,很难处得好,但也不是没有上佳案例。大明星林青霞与继女就处得非常好;被视为气质典范的歌手莫文蔚也成了三个大孩子的继母,并自言与孩子们处得不错。无法想象她们是怎么做到的,但是从她们自己面对公众及媒体时讲出的一句半句中不难发现一个共同点,那就是:尊重。尊重孩子,尊重既有的现实,不冷漠,但也不强行进入孩子的世界与内心。

做人继母,要不得的是以新皇后自许,非得一家之中大小皆以己命马首是瞻,并自封为人家的母亲,非要扮演一家之主的角色，那样强撑场硬上马，恐怕很难有好的结果。当然，不管不顾，只盼着早日甩脱孩子，自己好过二人世界也是相当自私且不现实的做法。最理智也最适当的态度应当是从心态上接受自己是继任者的现实，既不强以为是一个现成的孩子的母亲，也不假装不认识那个孩子，而是抱着有距离、有规范、有原则的探索之心处理，那么，以老师的标准去做，可能是比较恰当的处理方法。

注：好像我自己当过很多年、很多人的继母似的，俨然一副夫子论道、经验之谈之势。实际上，我连自己孩子的母亲这一角色也没扮演得多好，常遭外子批评，兼受亲戚朋友的调侃。孩子也多次表示我只是一个90分的妈妈（满分100）。这么说，不过是看多了网络上女性的烦恼诉苦，生活中他人的不幸际遇，以一颗理解的心揣测一二，且因为是站着说话不腰疼，可能反倒有一点平心静气之感。好不好的，一家之言。如果有缘人看过，觉得还行，能采纳一二，则善莫大焉；如果觉得简直不值一晒，那就原谅我的冒昧吧。

成熟女子——延长的花期

如果你问我：人生可有什么遗憾？我会说：以亦舒的话作答，"若说有遗憾，那是遗憾从来没有在巴黎春季的黄昏街头与爱人亲吻。"夏季的青藏高原金黄一片的油菜花地相拥仰望蓝天也很好。

如亦舒教导的那样，"年轻之际只懂得找归宿，不知享受爱情，中年之后成为最大遗憾——其实，我们就是自身的归宿，却用大好青春年华做无谓寻找。人生至大浪费莫过于此。"

女明星许晴在接受《嘉人marieclaire》杂志作者柏邦妮采访时说，"回头观望，年龄最好的时候，却不是自己最好的状态。因为分外懂事，被那份懂事捆绑着，为了别人的期待懂事，忘记了做自己。而今已届中年之际，反而找到了少女的任性、少女的自如，毫无来由的喜悦，狂歌曼舞的冲动。也许正是因为不曾开放过，所以，花期特别长。"

哪个成年女子不曾渴望在少女时代过期居留？如若不能，找一个花季情郎也是好的。是，听闻和见多了不少事业有成、光鲜亮丽的中年女子牵手小男朋友的故事。年轻的时候，很不理解：成熟的女子为什么会爱上比自己小很多的男人？视伴侣如父兄本是女子天性啊。如今走过了曲曲折折的世间百路，经过了长长短短的人生伤心，才明白了那些女子缘何会有那样的选择。如许晴所说,"那是因为比自己年长甚至同龄的男子身上都很难找得到那种单纯——虽有品质和境界,形之于外的是一份真诚的内敛。面对女人会害羞,不知道自己的魅力,穿衣着装是笨拙的,却洋溢着勃勃的生命力。在成熟男人身上,很难找到这份质朴。所以成熟、有真正审美的女人会爱上比自己小的男人!让年轻的男人的单纯的爱挽着自己的喜悦,两个人一起盛开,漫山遍野都是,就像五月的原野。"

好女孩子、懂事的女孩子的人生之路大抵就是这样走过来的。自己最好的年纪,装点的大多是别人的生命,成为别人窗前的风景而不自知;懂得欣赏自己、取悦自己的时候,往往韶华不再。所以,看到那种年纪轻轻、美丽单纯的小姑娘,在懵懵懂懂中嫁给中老年男人的时候,分外心疼,直如眼睁睁看着绝世美玉碎裂于地一样,心疼得恨不能倾己所有替她去换。

想起日本史上的名女人淀夫人。本名茶茶的淀夫人生来美貌,仗着这美貌在很年轻的时候得到了权臣丰臣秀吉的宠幸,一度达到尘世的巅峰,却最终惨败,一生未能幸福。究其原因,有性格使然,也有际遇的原因。她初遇丰臣秀吉,便是以被征服之身而委曲求全,根本算不得两情相悦。后来生了儿子,好容易想清楚了要真正做妻子,可是秀吉此时已经老迈,根本无力给予正当盛年的她以丈夫的温情和互动,秀吉以此为心病,甚是尴尬,她自己更是倍感失落和羞辱。秀吉身后,虽然一直有年轻英俊的宠臣为她提供内闱之欢,但是,那是豢养——与男子纳妾一样,算不得真正的感情。真正的感情,两下里要心智、地位、身体、年龄等各方面旗鼓相当，互有应和，互有促进。这些，单纯的宠臣如何提供得了？而她天性聪敏，又历经荣华权势，是对感情要求极高、极多的人，单纯的肉欲之欢，虽解决得了一时身体之需，却并不能真正满足她对爱的渴望。所以，她时有乖戾之举，常有疯狂之态，终因此而将自己和整个丰臣氏送上了绝路。千古之下，思之，令人叹息。

是的，史上不乏这样的女子。年轻时，用自己换荣华富贵，盛年之际，则充满了对自身的哀怜和同情，然后，用荣华富贵去换俊男，或者陷入人性的病态，最终两失。

所以，人一生最好还是走正常的路径：年轻时，有一份正常的感情；中年之际，相夫教子；老了，安享天年。人生如花木，顺应时节的好——春发芽、夏开花、秋收获、冬养眠，非要逆天而行、背时而转，可能最后也能得到整个世界，但会失去自己。那又何必？

永爱我身，并不是每个人都可以做到的。如果可以选择，请你一定要好好地、好好地爱自己。在你想要取悦他人的时候，请先取悦自己。

一定记着：这世上，什么都不值得你拿自己去换。你所拥有的最宝贵、也最易碎的是你自己。

永爱自己。

沟通有限

在"成功学"甚嚣尘上的今天,年轻人都被灌输以"沟通无极限"的观念,被教导以"世上没什么事是沟通不了的",这在工作中,当然是值得肯定的积极进取的理念。可是,放在生活中,特别是感情中,如果用错了地方,只怕是南辕北辙,不但于事无补,恐怕更会伤人伤己。

爱一个人,就是爱一个人,你怎么样都是可爱的:迟到了,他会想到你一定要事缠身;爽约了,他会想你是不是身体不适;发脾气,他会反省是不是自己最近做得不够好。

反之,如果不爱了,就是不爱了,你怎么样都是错的:你早到,他会认为你没有时间概念;你生病,他会讨厌你总是制造麻烦;两个人生气闹别扭,你先道歉,他不认为你是因为爱他而委曲求全,而是认为你没有气场。总之,你怎么样都不好,你怎么样都是错。因为,你出现在他的生活中,根本就是个错。

其实,不是你有问题,而是这段感情出了问题。

这样的时候,沟通有什么意义?除了招致更大的侮辱,受到更深的伤害。

爱一个人就是爱一个人,怎样看都可爱。反之,不爱了,任你怎样,都不可爱。不是你的外貌变了,是我的心变了,与沟通何干?

沟通,是为了做事,是为了建立逻辑。而感情,是没有逻辑的，是做不成的，是生自内心的愉悦，是相看两不厌的心有灵犀。如果爱，无须沟通；如果不爱，何必沟通？

沟通，在感情中，只在两情相悦的时候有效。两情相悦，在他懂的地方，你的泪落下，他亦动情；在你的哽咽之后，他看得到你的挣扎与煎熬；在你的等候里，他体味得出不易与辛劳。

如同哲人的诗里讲的那样，"每每落泪都是等你来心疼。每每喜乐都是等你来分享。每每出生都是等你来相见。每每死去都是等你共修行。多么希望今世你为我而来！而我，而我今生就是为你而生的啊！"——爱是这样的。在两情相悦的时候，这是情深意切；而单相思的时候，这样就是爱得卑微啊。这样的感情都无法沟通。

两情相悦之际，沟通才珍贵。否则，就悄然离去，哪怕万千不舍。对一个不爱的人来说，你的爱是负担，你的沟通是胁迫。何必如此难堪？一个人去承受吧，哪怕流泪，都与别人无干。那只属于你自己。有时候，你的爱与别人无关，纵然你再爱他，那也只是你的爱。不要勉强，不要在一个不爱你的人面前袒露你的软弱与悲伤。纵然心碎，你也要忍着，不要让自己难看，不要让自己难堪，直到等到那个真正懂你、爱你的人，然后在他面前尽情流泪吧，他才会对你万千怜惜。而那个时候，你知道，一切有多么好，好得除了自己，谁也体味不了。

如果爱，何需沟通？如果不爱，何必沟通？

感情中，沟通有限。

生命的契约

一直以来,在身为长辈的义务方面,我对自己的要求都是:以一颗母亲的心,照拂和庇护我的孩子,我的家族的孩子们,让他们在时代的洪流里,能够晒得着太阳、接得到露珠、经得起风雨,做一株自由自在、终得圆满的花朵。

可是,随着他们的长大,我的自信日渐减少。

那一天晚上,我在做晚饭,儿子在玩电脑。忽然他叫我:"妈妈,来看!"我过去一瞧,竟然是一个QQ空间,上面写着:"二姑出书了,真好!"另一个人回复:"我也看了姨妈的书,真羡慕她。"儿子告诉我:"这是上海的沐沐姐,这是西宁的宸宸姐,这是……"我仔细一看,果然是。我眼里的小屁孩儿们竟然各自从天南地北汇聚在同一个网站上挥洒着他们自己的时光,评点着前辈。而我在此之前根本没想到会以这样的方式与他们相见。此刻,他们的联系方式与价值判断已经完全不在我的预料之内,遑论今后还能对他们有什么把控。

他们还有多少我没想到的东西?他们还有多少我无法预料的空间?

他们终究会长大,他们已经长大。

他们以我无法想象的速度和形式在成长,而我自以为是的照拂和庇护很可能只是一场空想。每个人的生命终究只是他自己和造物主之间的契约，他（她）能做到多少、得到多少，完全取决于他（她）自己，作为母亲，作为长辈，我除了爱他和他们，除了做好榜样的示范，其他能做的其实极其有限。

想透这一点，有一种悲喜交加之感。悲的是无法言说的惆怅和无能为力的沮丧，喜的是生命终究只属于个人，任何他人无法施加作用，无论是基于爱的照拂还是基于其他考虑的庇护，都不大可能会产生根本性的改变。这是怎么样的公平。是，在造物主面前，我们是那么公平地接受与它的契约。

原来，生命终究只是每个个体与造物主之间单独的契约。那么，我深爱的孩子们啊，请你们一定要小心，一定要珍惜，尽你自己最大可能完成好这个契约，交上最好的答卷。而我，爱你们，深爱你们，并在前面为你们试对、试错。

请跟我来。

请与我同行。

请超越我！

菩提日记

菩提日记

"菩提"一词是梵文Bodhi的音译,意思是觉悟、智慧,用以指人忽如睡醒,豁然开悟,突入彻悟途径,顿悟真理,达到超凡脱俗的境界等。

平凡如我,永不会达到菩提之境,但是,相信可以一直走在追求菩提的路上。人生是一场修行,成长没有边界。将自己走在修行路上的小小感慨记录于此,命名为"菩提日记",希望有缘的人看过,有一些小小的感应、些许的安慰,那么,我便不觉得人生孤单。您是否也感到了一些生命内在的欢愉?倘真是这样,那么,一切是多么美好。

1. 生活中会遇到被人敌意性忽视、被人伤害等等事情,每逢这时,我对自己说:如果受损严重,且有能力反击,当然好;如果没有,迅速退场也是聪明之举。有些人出现在你的生命中,就是一种成全,成全你的好与退让精神。

每次毫发无伤地退让之后,我会很爱那个聪明、高贵、心胸宽大的自己,真是恨不能化身成另一个自己,出来和自己谈恋爱。

是的,希望永远保有今天这些美好的品质,并且,心胸越来越宽大,成为世间最好的自己。

2.也许是亦舒的书看得太多、太久,师太的教诲都已深入骨髓:对人和事没有期待,却总是尽最大的努力;晓得于人留足余地,心里早就不做幻想……但是,但是,在内心最深处,一直有一个盼望,靠着那盼望,一日日尚有微笑浮上面庞。

3.一个人对世界的认知和对自己的期许35岁的时候就大体成形了,该有的都有了,接下来的时间需要做的不是修正那些想法,而是实践那些想法,把它们从想法变成行动。

比如:你想做一个具有忍耐精神的人,那么,接下来请你以行动这样做,而不是在思想上一再重复这样做的意义。

4.生活对人最大的伤害是:它用一些似是而非、它用一些错误让人不再相信美好,不再相信善,让人自以为看破红尘,让人自以为比别人聪明。

5.一直以来,我以为自己是一个不能经受独自生活的寂寞之苦的人,所以,对于被别人落下,总是感到恐惧。

可是,最近几天,因为暑期,家里所有人都出去玩了,只我一个独自在家,却惊讶地发现:原来,一个人生活是这么好!我竟然能如此安享一个人生活的快乐。对此发现真是大吃一惊。可能,我们恐惧的真的不过是恐惧本身,我们一直害怕的事情最终到来的时候才会发现:原来自己扛得住,原来自己过得去。我们远比自己想象的勇敢和能干。

6. 在各大网站的婚姻家庭论坛里多次看到这样的表述：打死都不能嫁农村出来的凤凰男（由俗语"鸡窝里飞出个金凤凰"转化而来，指特别具有奋斗精神、靠个人努力超越了出身的优秀的底层奋斗者），他们一家子拿你当劫富济贫的对象，而你若真的愿意被他们所劫，倾尽自己的所有支持他们，他们却会觉得你贱、你是图他们家儿子，除了他们家儿子你找不到男人。所以，城市女千万不要嫁凤凰男。还有种种类似基调的很难听的说法。

论坛是相对私人化的、个体化的、情绪化的表达，与正式公开出版物、传统公共媒介有巨大的差异。所以，与公开的公共媒介宣传的农村人勤劳、勇敢、善良的表述不同，家庭婚姻类论坛里的农村人被表述成贪婪、自私、狭隘的形象。

不光于此，与公共媒介及传统价值观里"肉食者鄙"、有钱人愚蠢、发财者皆贪婪成性的认识形成鲜明对比的是，在论坛里，大家都认可经济条件好、社会身份高端的人更友善、更懂人情世故、更好相处，自然也更愿意与这样的人结亲。

如果把论坛称为私领域的意见，把传统媒介称为公领域的舆论的话，私领域的意见与公领域的舆论不说针锋相对，起码是大相径庭。人们表面上推崇的与实际内心认可的完全不是一回事。我觉得这才是一个社会最可怕的地方——人的精神世界的建构是相互冲突的，人的价值观不统一。人们没有从内到外的真诚，在精神领域，矛盾、冲突、不和谐。如果整个社会的个体都是这样的一种精神状态,这才是这个社会最值得忧虑的地方所在。

7. 我在阅读的时候和表达的时候体现出的不是同一种品位。我阅读的都是很极端的东西,但是,我表达的时候都是最中庸的表述。我喜欢看那些很极端的文字,它们烈焰般的激情,它们山径一样的通感,它们独一无二的审美,令我惊艳,令我痛快。然而,当我吸收之后再表达的时候,就起了化学反应——它们统统变成了最中庸的文字被我写出来。我在个人探索时的巨大的好奇心和热诚,和我转述出来给别人看时表现的平庸与木讷,好像不是同一个人做的事。呵呵,我真喜欢这样的感觉。我是说,我喜欢这种发生在自己身上的对立。

8. 永不将自己作为谋利的手段,因为——人生而高贵。

9. 所有与工作无关、与乐趣无关却需要费脑子的事,我都统统不感兴趣,比如打牌、打麻将。
虽然我不感兴趣——说穿了是压根儿就不会,但是,身边的伴侣却会,好像也还技艺不错。这就弥补了我因自己不会而产生的某种虚弱感,心里感觉他会就等于我会,会而不打,显得我有品位——夫妻间的相互补充体现在这个地方了。还有,我不爱运动,他却是运动健将,这也是我喜欢他的地方所在。——凡是我不会的,他都会,让我对他有佩服和依恋。也许,正是因为这点儿佩服,我才对他产生依恋。

现在的女人，自己能挣钱、做家务、外出应酬，杀得了木马，修得了马桶，对男人的需要越来越少，或者说男人能起的补充作用越来越不多了，只有在这些事关个人趣味的地方，才能体现出另一半的存在价值。

女人对男人来讲大概也是这样。现在的男人，自己做得了饭（大不了上餐厅，餐饮业多发达啊）；自己洗得了衣服（大不了送出去洗，服务业多发达啊）；收拾得了房子（大不了请保姆，家政业多发达啊）；甚至可以自己生孩子（试管婴儿技术多发达啊），还要妻子干什么呢？应该是那一点点儿情感上的慰藉，趣味上的相通吧。如果没有这个，夫妻感情就很难有意思，更难有价值了。

社会越发达，对人的要求其实越高。做人家的配偶，难度就会越大。不是拥有天生的这个性别就能找得到另一半，而是要真正做一个有情有趣、有意思的人，才有可能找得到幸福。科学和技术的发展，可以代替人做一切，唯一代替不了的，是人自身的发展。做现代人，远比做古代人不易。

10. 人际关系中最糟糕的一种就是相互寄生的关系，不幸演变成这样，两个人都会被毁。

鼓励自己：要做勇敢的人，永不与任何人结成相互寄生的关系。永远以善意待他人，永远以慈悲心待自己。

一定要勇敢啊！

11. 对自己拥有的一切，持感恩的态度和自得的态度，表达起来好像有些相像，其实本质截然不同。感恩而不自得,这才是正确的心态。

12.年过四十,不暴露除了穿丝袜的腿之外的任何肌肤(脸和手那是没办法)。年纪每长一岁,裙子的长度就应该长一寸。

13.如果说有优越感,我的优越感只有一种:那就是我对任何人、任何事都没有优越感,也没有自卑感。我对所有的人和事都抱着平视的态度。不会在比我富有的人面前自卑,也不会在比我贫穷的人面前优越;不会在比我强势的人面前自卑,也不会在比我弱势的人面前优越。对所有的人都一视同仁,他们都和我一样,既不比我高,也不比我低。但是,我会怜惜每个人,包括我自己。

14.看中国史书,知道古代株连之厉害,株连九族的严刑峻法之下,每个人其实都不属于自己,而属于整个族中。有弊自然就有利,那就是无须为自己负责,自然有整个族在操心你的事,个人只需吃吃喝喝、混吃等死就好。而现代人,在法律上只属于自己,只能自己为自己负责。一方面,自由;另一方面,对个人的要求也很高,必须自己撑起自己,再无外力可倚靠,须得以这孑然一身,独自在世上安身立命。所以,个人的自我建设比古人标准要高得多、难度也大得多。并且,越往后,这要求就越高。所以,做一个现代人是一件很不容易的事。

现代人,内在精神世界如果不能丰富到足以支撑独自安身立命,存续的质量就会大打折扣,甚至根本不足以存续下去。现代人，与人身的自由相伴的，就是个人内在世界的高标准、严要求。自我的建设将会是越来越重要、也越来越困难的社会现象。作为母亲，既已意识到了这一点，就要帮助孩子做好自我建设，让他有力量以独自一人的身份在这个世上好好地活下去。越往后，越是要以寡敌众，靠自己站在世上。母亲，要做的就是给孩子自我建设的路径和指导。做一个现代母亲，也不容易。

15. 看当代女作家们写的爱情小说，女主人公心仪的男主人公都是那么有才情、那么有力量、那么负责任而又那么懂得爱，看得我笑。在现实世界里得不到完美的爱情，找不到完美的男人，女作家们就把一腔柔情放到了书里，就自己塑造一个完美的爱人。这是女人的单纯所致吧。可是，怎么可能？男人也是人啊，自然免不了为人的不易，他们怎么可能那么有才情、那么有力量、那么负责任而又那么懂得爱？男人本就比女人成长得慢、进化得逊，再提高标准，怎么可能？爱情是女人的天堂，但是，这天堂恐怕不是男人能建造的，——平凡如他们，怎么可能给别人建造出一个天堂？要说真懂爱，凡人只怕是难当此重任。你我皆凡人，都无力承担如此不易之命。

所以，女作家，才情足够，在自己的书里做做梦就好了，千万当不得真。真实的世界里，相互支撑着一世走下去，就已经值得万千赞美。让男人做回真正的男人——有缺陷、有软弱、爱享受的男人；女人才有机会做回真正的女人——能承担、有力量、敢付出的女人。

如果，女人永远把男人视作父兄般强大的半神，而不是真正平视的男人，女人也就永远只能做哀伤的、愿望难以达成的小妹妹，而做不回真正的女人。

女子若要自尊到不仅仅是做女人，首先是要做人，那么，第一关便是要敢于担当。

16. 在婚姻家庭类的论坛里，如果有人上来诉说自己家庭中的问题，并问询接下来的生活应该如何继续时，总会有人回帖道："离了，三条腿的癞蛤蟆不好找，两条腿的男人还不好找么？"看起来很大女人的样子。其实这是很不负责任的说法。三条腿的癞蛤蟆可能真的不好找，但是，两条腿的男人也很不好找。离婚两个字，说得轻巧，可是，真承受起来，其间的辛苦绝不容易。有个很好强的女友因为丈夫外遇而离异了，之后十多年，一个人独自抚养着女儿。她有体面的职业、稳定的收入、宽大的房子、不错的车子，女儿也乖巧伶俐，看起来，一切很好。可是，有一次，我们聊天，她对我说："如果知道有今天，那时候，我怎么也不会离的。"我想了一想，小心问："何出此言？"她叹了一口气："我是乖女孩儿，一直认真读书心无旁骛，直到29岁才和前夫恋爱——这是我的初恋，32岁生下女儿，之后他外遇，很快就离婚了。如今我已45岁了。算一算，我与男人相处的时间只得短短三年。离异这些年，从没有人为我介绍过男朋友。我现在看到男人会紧张，特别是年纪相当或比我大的男人，一出现在我跟前，我就紧张。"

听到这话，我的心无比沉重：这是怎样的人生创痛？这是怎样的孤单？这是怎样的不易？

人是配偶动物，和配偶在一起，是天赋的人权。而现代人，离婚姻越来越远，好人家的女子，如果没有婚姻，又不想堕落，恐怕只得孤单终老。这是多么悲伤的事。

所以，怎么可以轻易劝人离婚？想起古语说的：宁拆一座庙，不毁一桩婚。才知老辈子留下来的话是多么有道理。成年人为了自尊心，都不大愿意承认不离婚是大人不敢，总是托言是为了孩子。其实，孩子终究会长大，会拥有属于孩子自己的幸福，而大人，一朝轻易离婚，再能否找到幸福，其实才是最不确定的事。不必讳言，离婚，最难受的恐怕还是成年人自己。现代婚姻法、社会大环境都决定了，父母离婚，不一定会让孩子失去双亲的爱，大多还是能得到来自父母双方的照拂，真正受创的还是被迫离婚的一方。

所以，不要轻言离婚，不要轻易离婚。

大多数人，不是玉婆泰勒，不会甫一离婚，后面就有一个加强连的后备人选，很有可能，一经离婚，再难幸福。那么，就好好地经营好现有的婚姻吧。我们是配偶动物，我们需要另一个人的陪伴。纵然他（她）有缺点万千，但是，能得陪伴，就是真正的恩情。人与人之间，最大的恩情，不是给你万贯家产，而是陪伴。所以说，夫妻恩比海深。

好好地陪伴你的另一半，好好地得到另一个人的陪伴。慈悲心对他人，慈悲心对自己。

17.都说孩子是父母爱情的结晶，我可没觉得，我不认为我宝贝儿子是我和他爸爸的爱的结晶，不，我认为，他是我一个人的,他是我一个人爱的结晶,他是我生的,他只属于我。至于他爸爸,嗯,他顶多是帮了下忙而已。哈哈,他爸爸听了会气死。也许,他也是这么想的?觉得儿子是他的,我只是帮了下忙而已?没关系,我不介意。只要我认为儿子是我的就好。别人怎么想,不关我的事。

18. 和外子一起送孩子去学校。开车行走在路上,他感慨地说:"昨天我还在土耳其,这时却在北京的二环上。现在的交通工具真是把地球变得好小。"是,我也曾经多次有过这样的感叹:早上还在青藏高原看雪,晚上就能在三亚逛椰林。飞速发展的交通工具把人变得如此自由、如此随心所欲。

时代的进步真是好。

当然,对人的要求也是越来越高。如果想做一个现代人,就必须付出真正的努力,好好地建设自己,否则很容易被时代的列车所弃。如果积极,人会越来越自由;如果消极,可能内心会越来越恐惧。

自由,是以千百倍的努力铸就。

19. 传媒业的发达,使得普通人很容易看到明星们的个人情感起落。连并不热衷此道的我也知道不少的明星绯闻。有时,看到那些美丽的女孩子们与恋人分手的新闻,会很感叹。她们忙碌、高曝光率、强压力,缺人指点、多遭恶意诱惑,能够存在下去,维持人前的光鲜实属不易。再要得到爱情,怕是很小的概率。爱情是多么娇贵的东西啊,需要多么精心的护养,她们哪有时间和精力养护?所以，大多女明星看似身边男人如云，但我总觉得恐怕个人情感生活并不优质。再想到美貌如她们、情感丰富如她们，得到爱情尚且那么不易，普通女子整天奢求世上最好的爱，要求别人待自己如公主，不是太幼稚了吗？做女孩子，不必把得到世上最美的爱情作追求，而应致力于建设最好的自己。在这个过程中，如果得到最好的爱情，那是幸运；得不到，也不必埋怨命运。得到最好的自己，足以抵消爱情上所有的遗憾。

20. 一个肆意歪曲他人善意的人是无可救药的人。但是，歪曲他人的善意，不相信他人会对自己好，则是很多人的通病。遗憾的是，越是个人境遇不佳、生活环境不好的人，越是容易犯这个错。不好的境遇、不好的生活环境，真正对一个人起到破坏作用的首先不是物质上的亏欠，而是破坏掉一个人心灵的开放能力，让人没有能力信任他人，没有能力理解别人的善意。

反之，越是个人境遇好、生活环境佳的人，就越是心灵开放，越是容易与他人展开良性互动。可以说，生活得好的人，首先是生活逻辑正确的人，而生活逻辑如何才能保证正确？相信正向的力量、信任机会、对他人抱以开放的态度，恐怕是必须的前提。

这些年走过千山万水，遇人不少，发现那些越是信任他人、越是心灵开放的人，越是受到机会的垂青；反之，越是对他人怀有敌意、抱着抗拒之心对世界的人，越是与机会远离。

生活对人的厚爱，首先是赐予其人正确的逻辑。而生活对人的惩罚,只怕也首先是赐予其人错误的逻辑。逻辑有了正误之别,生活如何能不分出高下?

21. 所谓成长,就是选择的单一化。越成长,可供选择的机会越少,能做的选择越少。到了最后,已无选择,必须沿着原来的路一直地走下去,直到遇到前面所有选择有机组合的那个最终的结果。这就叫路径依赖。

所以,面对选择,总是有种悲喜交加的感受。因为知道,这一次选下去,就与另外的其他的可能做了挥别。生命如此短暂,再也不能与另外那些也许也很好的选择相遇,如何不感慨万千?

珍惜,是珍惜已拥有的、已选择的,确认得到的是就是最好的,拥有的就是命定的。但是,对于没有选择的那一个,我也仍然抱着万千的怜惜之心,以依依不舍的心忍痛作别。

它们,将为我暮年的黄昏,一个人坐在窗前回忆往事的时候,提供细思量、自难忘的丰富想象。我在盛年的时候与它们作别,它们却在我暮年的时候慰藉我生命之终时的寂寞。这个世界如此多情,如此慷慨。

22. 一直提醒孩子:成年后、独立生活后千万不要养宠物。不是不爱小动物,而是因为爱,不忍心拘禁它们。生命应当自由。把一条狗关在家里,只在自己忙完后每天抽个十分钟陪它一下,而大部分时间里任它独自寂寞地在狭小空间里等待垂怜,这太残忍了。

还想提醒孩子:职业有高低贵贱之分,不要去做低贱的职业。一旦掉到沟里,再爬起,很难很难。别信那些职业无高低贵贱之分的说法,有人政选拉票的时候那么说,可以姑且一听,但是千万不要信。这个世上,真正没有高低贵贱之分的是人格,所有的人在人格上平等。但是,职业,一定有高下之分。如果有得选,一定要尽量选高尚职业。

如果我的后人里有女孩子,姑娘啊,一定不要进入别人的家庭,不管是做保姆还是当小三。永远不要。因为,很容易受到伤害。

23. 看关于民国的历史书,讲袁世凯在生命的最后,病了,他的一妻九妾,各按各的方子给他治病,今天你请中医,明天她请西医,上午按这个的方子补,下午按那个的方子泄,没多久,就把个好好的袁大总统作死了。

看得我笑死了。

喜欢妻多妾杂的男人们啊,看看袁大总统的最后结局吧,妻妾多了真的有那么好吗?

24. 夏天的时候,和一干年轻朋友一起去西安的园艺博览会参观。从进门到出来,年轻的朋友们一路在抱怨:这有什么啊?太平常了。好没特色啊。诸如此类的说法很多。而西安当地的导游则兴致勃勃,跟大家讲这个园艺馆多么好,当地百姓多么喜欢,当地近年的经济发展多么快。导游的振奋与我们的年轻人的疲沓形成鲜明的对比。

我们的这些年轻朋友都是家世很好的一众人,都是十六七岁就出国留学,上学期间已游遍欧美和东南亚,那么，这样一个在西北地区举办的园艺会引不起他们的兴趣，完全是可以理解的。所谓五岳归来不看山，看过了更多、更好风景的他们，看这种人造的、设计比较呈现发展中国家特色的景点，自然觉得兴趣尔尔。

而对导游来说，这样的景区代表当地经济发展的特点，是当地难得一见的好景，她的高兴也完全在情理之中。别说导游，在园子里，我们看到一家家男女老少齐齐出游的当地人，满脸都是高兴的、欣赏的表情。他们到处留影，相互招呼，看起来非常开心的样子。我也深深为他们所感动，被他们的快乐所吸引。

当我们的年轻朋友再抱怨的时候，我说："你们一开始就吃过了冰淇淋，再喝一点白糖水，自然不觉得什么。而我们，喝过苦水，有白糖水喝，就觉得甘甜无比呢。当然，不能怪你们，你们是坐着飞机到达山顶的一代，而我们是自己爬上山的。你们比我们看得更高更远；我们却比你们走得更多体验得更多。一代人有一代人的好，我们能理解你们的不屑，也请你们理解导游的兴奋与热情吧。"

年轻人们不说什么。也许，他们还不太明白。没关系，终有一天，他们会明白的。有些事情，非得经过，不足以理解。有些情绪，非得身受，不足以感同。

25. 这个世界变成什么样子，我就转成什么样子，我会永远和这个世界保持和谐而居。虽然我不一定喜欢它的样子，但是，我会顺着它，跟它一起经历。我爱这个世界，兴致勃勃地参与它的一切，就像我会永生；我也害怕这个世界，我会永远与它保持一定的距离，恨不能转身就走，就像我会即时离开一样。

26. 推动这个世界向更好的方向前进的方式，个个不同。有的人倾向于制度设计，有的人倾向于技术进步，我倾向于精神内核和价值观的建设。我推崇每个个体让自己在精神方面更健康，在价值观建设方面更具普世意义。我相信再完善的制度设计都无法代替内在的精神性的建设。如果不从内在的精神内核建设上入手，再完美的制度都无法给我们完美的生活。

因为我是女人，我是母亲，即便我对这个世界毫无可见的贡献，如果我靠自己的精神内核和价值观建设，创建了一个好的家庭，培养了一个好孩子，维系了一个好的家族，护佑了一群年轻人，我就对得起这个世界赋予于我的一切恩宠，我就配得上这个世界为我提供的这些给养。

27. "舒女郎"是香港当代作家亦舒作品女主人公的统称，也一直是我心目中做人的典范：聪明、能干、独立、姿势漂亮、永不放弃自己。

遇到任何事，都在心里问："这样做合适吗？换了'舒女郎'会不会也这样行事为人？"

也许修炼真的有用，一点点地积累、一次次地前进，终于，时光走到今天，蓦然发现：原来，我也终于成长为了"舒女郎"。

开始前，认真地思量：要不要开始？有没有必要开始？一旦开始，中间不管多难、多胶着，也要一点点地推进事情沿着最初设计的方向前进。做的过程中，时时提醒自己,不要恶形恶相,要姿势漂亮,事情可以失败,做人不许有闪失。期待的结果到来后,一定首先感谢造物主厚爱,感谢别人的帮助与成全。最后,买一大盒冰淇淋犒劳自己。如果还不过瘾,就再来一大盒冰淇淋。一个人在心里狂欢。

我要做"舒女郎",做自己心目中的"舒女郎"。

28. 看国际关系方面的文章,说中美之间不可能有真正的恶战,因为彼此都知道,谁也没有穿着防弹衣,都经不起伤害。大国关系如此,思维跳跃到人际关系,特别是夫妻关系,何尝不是这样?婚姻中,或者爱情中,千万不要搞恶战,谁都没有防弹衣好穿。一旦真的硝烟顿起,即使杀敌一千,一定自损八百。谁又能全身而退?为善、维护是最好的法则,也是唯一的法则。

29. 作为职业女性,又人到中年,上有老下有小,忙碌是无法改变的,忙到没有时间去购物。但是,职业女性,总是要注意一下形象的,且原也是个比较在意自己外表的人,解决之道便是网购。从丝袜到大衣,从保健品到护肤品,统统都是网购来的。人家都惊奇:都说网上全是骗子,你难道就不怕被骗吗?退一万步说,就算对方不是骗子,没见到实物,单看看文字材料和图片,你就下单,万一不合适怎么办?我笑:不会的。一是我们国家近年在制造业方面已经是世界水平,所有的东西都是非常规范非常标准化的,只要自己报上的尺寸、型号没有问题,不太可能出现不合适。二是近年来物流方面的管理也很好,整个社会物流系统信息化不断进步,实体管理也好,不太可能出现意外。三是全社会的网络化使得我们国家的信用建设以加速度行进,特别是微博等新兴信息工具的出现,对全社会的信用建设起到了非常大的促进,信用方面不用担心。网购了这么久,还没出现一例骗局,买的衣物大都可心,有些即使到商场买,都不一定比网购更好。所以,热衷网购,不是基于对某个具体商家的信任,而是我对这个社会的信任。

每次买到可心的用品,都深深赞叹时代的时步。全社会信息化的提高,信用体系的建设,使得我们作为单独的个体,慢慢可以以一己之力面对这个世界,不必再像过去那样非得倚靠一个体制、一个机构、一个派系,才能得到一点点想要的东西。今天的我们,完全可以一个人凭着自己面对整个社会,甚至可以在全世界范围内对自己的生活进行资源匹配。只要有眼光,有行动,个体的人建设自己生活的能力可以在尽可能大的范围内得到体现。

当然,同时出现的挑战是:对个体的人的要求也越来越高,你要越来越懂得在全社会范围内匹配自己需要的资源,不能再像过去那样靠家庭、家族、单位、体系等等外在的力量,那些力量都在逐渐消融,慢慢也变成社会化的存在,越来越不太可能成为具体的某个人的依靠。所以,每一个人都要好好建设自己,让自己不断进步,踏上时代前进的脉搏,与整个社会的呼吸保持同一节奏,从而,让自己的生活变得越来越好。这个社会,会让致力于自我建设的人过得越来越好,也会慢慢淘汰那些不建设自我,总想靠着什么的人。

社会生活便利化的同时,提出的是高要求,你准备好了吗?

又及:据研究社会学的专家说,现代社会城市的中心场所不是市政大厅,不是中心广场,而是百货公司。因为只有百货公司才是中产阶级的良家妇女出街的高尚舞台,她们在这里隆重登场吸引他人却又有别于荡妇。而中产阶级是一个社会的核心。所以说,百货公司生意兴隆的城市与国家,才是欣欣向荣的区域。百货公司萧条,经济与社会也好不了。那么,我这样几乎不逛百货公司的女子,是不是属于没有责任心的市民?惭愧……

30. 虽然我对自己的要求一直是良家妇女、好人家的女子的标准,但是,在阅读上却超爱各种奇异人物的奇异文字。朋友中有人听说我看非良家妇女不宜的东西,总是会大吃一惊:那和你的价值观太不一样了,你怎么会喜欢那样的东西?马上解释:非也非也,不是喜欢那样的东西,而是喜欢趣味的多样性。如果全世界的人都和我一样的心思,那多乏味啊。

所以,既喜欢菲茨杰拉德、村上春树这样流连于富人俱乐部,然后把富人的那点儿出息写得淋漓尽致,以致让一干普通人对富人的生活熟悉到赛过了解自己生活的文学卧底,也喜欢亦舒、席慕容这样的优雅做人说明书的撰写者。但不管是哪类,有一个基本的底线:如作家小宝所言,"那就是,不管你过着怎样的生活,你都得有一个文学间谍的心态,始终对自己的生活、周边的人和事抱着观察的心态,并紧握手中的笔,"把那种生活的底儿写个掉,那样写出来的文字才有趣、才接近那种生活本身,也才能让我过瘾和喜欢。

比如怪味儿的小宝评生猛的王朔:"过去有一种说法,借谈恋爱之名乱搞男女关系,王朔对文学是借乱搞男女关系谈恋爱。"与此可一拼的是,网上有人评一位特立独行的女士时说:有些人是满嘴仁义道德,而一肚子男盗女娼;而此女是满嘴男盗女娼,一肚子仁义道德。这位女士自己在微博上回:我也没那么好,很多时候我是男盗女娼得仁义道德。她还举了例子:凡是被她睡过的男人的老婆都和她关系处得不错,原因在于她人好。我很信这个说法。即使她睡过了某个女人的男人,也不代表她就人不好。再继续往下看她的微博,会觉得这真是一个文字有趣的人。就看文字来说,颇让看者过瘾。

他们是谁,并不重要;他们的价值观是否和我差异巨大,无所关心,只要文字有趣、行笔老辣、角度奇异,我就爱看。我爱所有超越平庸的奇思妙想。

王朔说:"一辈子都净想着写文章了,自己的生活过得马马虎虎,不管在哪里,都觉得是在体验生活,生活是为了写文章做准备、酝酿情绪、积累素材,这样的生活过得真没劲。"对作家本身来说,确实是这样的,辜负了一世的日子。但是,于读者来说,这样的作家才是好作家。我只爱看这样的作家的文字,不管是哪类。与价值观无关,只爱趣味多样性。

31. 牛津大学理论物理学家弗兰克·克洛斯说:如果偶然看到一小块反物质,你不会觉得它与普通的物质有什么不同。从外表来看，你没法区分哪一块是物质，哪一块又是反物质。即使观察单个的原子，你也不可能分清楚。只有在原子内部，两者之间的深刻互补性才会显现出来。

　　思维跳跃到社会生活中，一个机构与另一个机构之间，很多时候外在的表象上分不出区别的，但是在内部，你会清楚地感觉到不同。再推演到婚姻感情生活中，一对男女之间，从外面看不出人与人之间有多大的差异，可是当他们深入到一个屋檐下生活时，彼此深刻的互补性才会显现出来。

　　社会学家郑也夫说："一个吊诡而深刻的道理：走上正道的路径上对人推动最大的都是和自己发生冲突的人，他们的无理造就着一个独一无二的人。"所以，很多成功者事后总结的时候都感谢那些曾经为难过自己、曾经伤害过自己的人，大概就是这个原因吧。

惭无倾城色　修得兰慧心
——代后记

美貌与智慧兼具，是每个女人的梦想。我亦不能免俗。但是，造物主没有赋予我艳冠群芳的美貌，正如它没有赋予我傲视群雄的智慧。在人群里，我是最普通不过、最无特质的那一个平凡女子。

但是，它给了我一颗充满渴望的心。渴望拥有人世间所有最好的东西：最好的爱情、最好的孩子、最好的工作、最好的朋友、最好的亲情。有些已经得到，有些怕是终生都不过是渴望。得到的，我满怀感激；得不到的，我愿意一直追寻。凭什么？凭一颗向善的心。

因为没有美貌，所以格外温柔；因为没有智慧，所以格外勤勉。相信努力有意义，相信只要起步就能到达。相信每个人与造物主之间都有至为公平的契约，只要向善，终得褒奖。这本书，便是这种价值观的表达，也是这种价值观指导下的行动。书里的内容，也许幼稚，但是真诚；也许偏颇，但是严肃。怀着谦卑的心，呈现在您的面前，深深感谢您的垂目。如果让您觉得有一点点收益，我至为欢喜；如果您觉得不过尔尔，我深表歉意。

感谢您的阅读；感谢帮助我出了这本书的工作人员；感谢我的至爱亲朋的支持；感谢生活给予我表达的机会与

能力。

  写作的路刚刚开始,不知道能走多远,但我会努力坚持,同时,保证不让我的作品多过我的智慧。祈愿在能够开始的地方兴奋起步,在应该停下的地方从容止步。

  惭无倾城色,修得兰慧心。